DK动物百科系列
濒危动物

英国DK出版社　著

庆慈　译

冉浩　审译

科学普及出版社

·北京·

图书在版编目(CIP)数据

DK动物百科系列. 濒危动物 / 英国DK出版社著；庆
慈译. -- 北京：科学普及出版社，2020.10(2023.8重印)
ISBN 978-7-110-10116-2

Ⅰ. ①D… Ⅱ. ①英… ②庆… Ⅲ. ①动物—少儿读物
②濒危动物—少儿读物 Ⅳ. ①Q95-49②Q111.7-49

中国版本图书馆CIP数据核字(2020)第104616号

策划编辑　邓　文
责任编辑　郭　佳
封面设计　朱　颖
图书装帧　金彩恒通
责任校对　焦　宁
责任印制　徐　飞

科学普及出版社出版
北京市海淀区中关村南大街16号　邮政编码：100081
电话：010-62173865　传真：010-62173081
http://www.cspbooks.com.cn
中国科学技术出版社有限公司发行部发行
惠州市金宣发智能包装科技有限公司印刷
＊
开本：889毫米×1194毫米　1/16　印张：5　字数：120千字
2020年10月第1版　2023年8月第9次印刷
ISBN　978-7-110-10116-2/Q·251
印数：78001—83000　册　定价：58.00元

www.dk.com

目　录

拯救动物！

动物有着各种各样的**体形、大小和颜色**。它们**在陆地上**行走，在水中游动，**在天空中翱翔**。世界上生活着**数百万**种动物，每一种都具有**独特的**生活习性。

为了生存下来，每种动物都需要**食物、水、庇护所**及**生存空间**。包括以上全部要素的地方称为**栖息地**。栖息地可以小到一个**小泥塘**，也可以大到**整个海洋**。有些动物只能生活在非常**特殊的栖息地**之中，有些动物几乎可以生活在任何地方。

动物赖以**生存**的要素是什么？

食物

食物为动物提供营养物质和能量。如果在一个栖息地中有充足的食物，那么可以供养的动物种群数量就比较多，动物的体质也比较健康；如果食物供给受到季节性因素或其他物种生命周期的影响，那么以此为生的动物可能就要跟随食物来源不断地迁徙，或者移往新的居住地。

庇护所

绝大多数动物都需要可供藏身的安全地点。庇护所可以用于躲避坏天气或天敌，休息或睡觉、生育后代，等等。如果没有适当的庇护所，动物可能就会变成捕食者的美餐，或是在恶劣的自然环境中死去。

水

所有动物的生存都离不开水。大多数动物直接饮用水，还有一些动物从食物中获取水分。鱼类和鲸等水生动物生活在水中。两栖动物和一些爬行动物一生中的部分时期生活在水中。而对于生活在干旱的沙漠地带的动物来说，演化出只需依赖少许水就能生存下去的特性是至关重要的。

真相：动物分成两大类群——有脊椎的动物（脊椎动物）

4

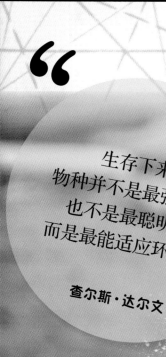

生存下来的
物种并不是最强壮的，
也不是最聪明的，
而是最能适应环境的。

查尔斯·达尔文

人类已知的
昆虫约有
130 万种。

不断运动

动物与其他生物的关键区别之一在于它们能够运动。许多水生动物在它们的生命周期中也存在着自由漂浮的阶段。

生存空间

所有动物都需要生存空间，但空间大小不一。有些无脊椎动物可以生活在非常袖珍的空间里，而一只东北虎的领地范围却高达300平方千米。生存空间受限会导致种群过于拥挤，因争夺食物引发激烈竞争，并容易传播疾病。

氧气

像地球上大多数生命一样，动物需要氧气才能生存。动物的身体需要氧气来释放能量。空气中含有氧气，水中也溶解有氧气。陆地动物用肺吸收氧气，水生动物则用鳃摄取氧气。

勇往直前

如果栖息地发生了改变，那么生存在此的动物必须适应这些变化或者迁移到其他地方。在新的栖息地，它们可能不得不与早已居住在此的动物竞争。如果这片新的栖息地无法支持更多的动物生存于此，那么动物的种群数量就会下降，直到达成新的平衡。

和没有脊椎的动物（无脊椎动物）。

动物是如何进化的？

据估计，目前地球上已知的动物约有 120 万种。它们都来自哪里？为什么有这么多种类？为什么有些物种生存至今，而有些物种却永远消失了呢？

答案就是"**进化**"。

生物学家查尔斯·达尔文提出了进化论。他曾经有过一次历时5年的环球旅行，到世界各地收集动植物的标本。达尔文注意到，每个动物物种的不同个体在外形或行为方面都存在着细微的不同。他猜测，当生存环境改变或者这些动物被迫迁移到新的环境中时，某些与众不同的动物个体将会更加适应改变了的环境。随着时间的流逝，这些特征逐渐强化，最终形成了全新的物种。

生命是怎么出现的？

地球刚刚形成时还是一片不毛之地。大气层是有毒的，地表则非常炽热。距今 35 亿年前，海洋中出现了微小的单细胞生物，这就是最初的生命。这些生物逐渐演化成柔软的蠕虫和水母。距今 5.4 亿年前，地球上突然爆发式地出现了各种各样的生命形式。

生活在炎热海水中的早期细胞

6.3 亿年前

最初的动物生活在海洋中。这些早期的无脊椎动物包括海绵、蠕虫和软体动物。其中有些动物长得非常奇特，与现存动物截然不同。

5.4 亿年前

随着时间的推移，珊瑚虫、无颌鱼和节肢动物（被覆分节的外骨骼动物）出现了，早期的硬骨鱼和鲨鱼也随之出现。

4 亿年前

有些鱼类开始用鳍肢登上陆地，成为最早期的四足动物，也是所有四足动物的祖先。它们后来进化形成两栖动物及爬行动物。

古老的祖先

达尔文很喜欢研究化石。他知道新形成的岩石层位于较古老的岩石层之上，而每个岩石层都有着不同种类的化石。达尔文注意到，有些动物化石只位于古老的岩层中，而且与所有现存物种都不同；而年代越新的岩石层中的化石则越近似现存物种。他认为生物进化的过程如同一棵树：有些树枝（代表物种）生长一段时间后就停止了，还有些则不断地生长，而且一边生长一边长出分枝。

加拉帕戈斯地雀有着不同形状的喙，可以取食不同种类的食物。因此它们可以生活在一起，而不会为争夺同样的食物而展开激烈竞争。

这种蛙类进化出了一条又长又黏的舌头，能够捕获飞行中的昆虫。

适应和生存

有些动物，比如蛙类，每次能产下成百上千个后代，但其中只有少数能够活到成年。达尔文认识到，能够帮助动物更好地生存和繁衍的特征，将会在下一代个体中变得更普遍，尤其是当环境发生改变的时候。这就是达尔文的自然选择学说。

1 万年前

昆虫进化出更多的种类，与此同时，第一批森林出现在陆地上。

5 亿年前

2 亿年前

6600 万年前

鸟类从长有羽毛的小型恐龙进化而来。此时小型的夜行哺乳动物也开始出现。当恐龙和许多其他爬行动物在距今 6600 万年前灭绝之后，哺乳动物迅速占据了这些空缺的生态位。

随着爬行动物的逐步进化，地球上曾经生存过的体形最大的动物——恐龙出现了。此时的天空和海洋也被它们的近亲——会飞的翼龙和会游泳的鱼龙占据。

恐龙灭绝之后，哺乳动物开始进化成为地球上体形最大的动物。随后，有些大型哺乳动物在 1 万年前的冰河时期灭绝了，一个物种开始称霸地球——智人。

多姿多彩的生命

地球上几乎所有的地方都有动物存在。无论自然环境多么恶劣或者**极端**，总会有一些生物在此生活。我们把一个地区的所有动物和植物总称为**生物多样性**。

有多少物种？

统计出地球上到底生活着多少物种是很困难的。截至目前，世界上依然有很多地方无人涉足，没人知道那里生活着什么生物。科学家估测地球上有200万到1亿种生物，大多数科学家认为1000万种是最接近真实的数字，然而迄今只有180万种生物被命名。

这里会有新物种吗？

生态系统

生活在特定环境中的所有动植物构成了一个生态系统。科学家对整个生态系统或者系统中的一小部分生态关系加以研究。生态系统中的所有动植物的生存都依赖于其他物种。

珊瑚礁是地球上最多样的生态系统之一。随着珊瑚礁的扩展，会有更多的物种受其影响。

成千上万种生物以珊瑚礁为家。每种生物都是其他物种的食物来源。如果珊瑚死去，生态系统就会崩溃，生活在这里的物种也会随之改变。

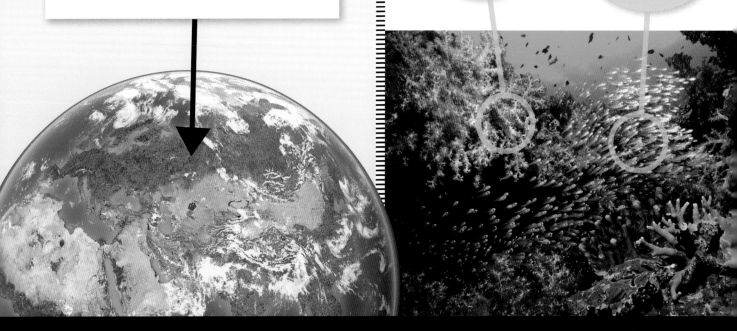

真相：科学家仅是近距离观察巴拿马热带雨林中的 **19** 棵树，

为什么生物多样性如此重要?

大多数生态系统在一两种物种消失时,依然可以正常运转,但是有些物种对生态系统的存亡至关重要。经过漫长的演化,各种动植物已经适应了生存环境中特殊的生态位。每个物种就像一幅拼图中的插片一样,与其他物种紧密相连。当一两个物种消失时,我们可能发现不了对生态系统的影响,然而我们并不知道哪些物种是关键性物种,或者失去它们之后我们会损失什么。有些物种的灭绝很可能会威胁到人类的生存——它们可能对维持生态平衡有帮助,也可能是用于合成药物或是化学品的未来资源。

热点地区

世界上的动物数量和种类并不是平均分布的。纬度越高、气候越冷的地区,生存的物种数量和种类就越少;而气候温暖的近赤道区域则生活着最多的物种。有些地区,比如森林密布的高山,生存的物种种类也比其他地区要多,或许还生活着独一无二的物种。这些地区被称为热点地区,海洋中也有热点地区。在这些热点地区建立国家公园和自然保护区,能够很好地保护生物多样性。

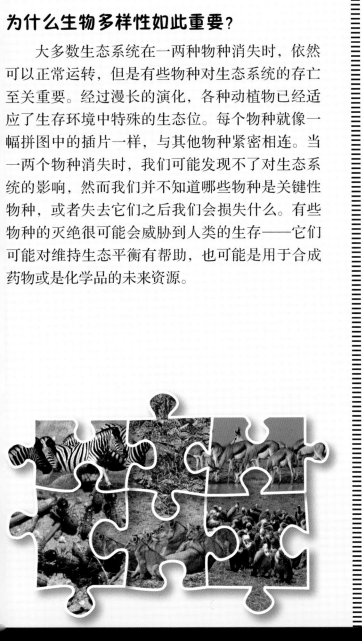

赤道

■ 陆地——许多独一无二的动植物物种生活在这片区域。

□ 海洋——热点海域目前依然受到过度捕捞和海洋污染的威胁。

就发现了 **1200** 种不同种类的甲虫!

出乎意料的结果

每种动物在生态系统中都扮演着特殊的角色。如果某个物种消失，也许不会立刻带来影响，但效应会逐渐积累，最终对其他动植物的生存造成威胁。

捕食者的缺失

美国黄石国家公园中曾经有大量灰狼，然而，由于农场主的大肆捕杀，到了 1925 年，这里一只灰狼都没有了。

此后 70 年间，黄石国家公园内都没有灰狼生存。在这期间，生态系统急剧改变，许多物种都受到了意想不到的影响。由于生态平衡被打破，人们最终决定重新引入灰狼。

灰狼在 1995 年被重新引入黄石国家公园。从那时开始，北美马鹿和郊狼的数量开始慢慢减少，山杨和柳树开始重新生长。河狸重新回归，灰熊和其他食腐动物也再次出现了。灰狼的引入对黄石国家公园中北美马鹿的数量产生了调控作用，减少了人工调控的负担。

北美马鹿

灰狼

拜访灰狼

灰狼

灰狼以北美马鹿为食。它们主要捕食年老或者患病的动物个体，因此鹿群被迫地保持了健康。狼群捕食后剩下的猎物残骸为食腐动物提供了食物，比如秃鹰、灰熊、狐狸和鼬。

北美马鹿

在没有灰狼的时期，北美马鹿的种群数量持续上升。北美马鹿主要以山杨和柳树的嫩叶为食，因此这些树木的数量开始减少。没有了足够的食物来源，鹿群很难度过寒冷的冬季。

灰狼是捕食者，在许多生态系统中位于食物链的最顶端，因为没有其他动物捕食它们。灰狼喜欢猎食北美马鹿和野猪。狼群有时也会捕猎家畜，因此造成与人类的冲突，导致它们常常会被人类从一些原本的自然栖息地驱逐出去或者全部杀灭。

河狸

郊狼

山杨

灰熊

山蓝鸲（qú）

山杨是这个生态系统中的关键部分，然而，如果幼树被北美马鹿过度啃食的话，就不能生长为成熟的大树，松柏类树木就会取而代之。

河狸

河狸以山杨和柳树为食，还用其建造堤坝。河狸咬断树木，因此开辟了一片片开阔的区域，为其他植物提供了生存之地；它们建造的堤坝拦河成湖，为鱼类提供了良好的栖息地。当松柏类树木取代了山杨之后，河狸就从此地消失了，整个黄石国家公园的生态系统也受到了严重影响。

灰熊

灰熊会捕食北美马鹿的幼鹿，也会取食狼群剩下的猎物残骸，但是它们平时主要以植物和鱼类为食。没有了河狸，森林里的大树成荫，而灌木丛无法生长，河水里的鱼类数量也变少了。因此灰熊无法找到足够的食物。

郊狼

当灰狼消失之后，郊狼成为黄石国家公园中的顶级捕食者。这导致了其他小型捕食者数量下降，因为郊狼也会以啮齿类动物等小型猎物为食。郊狼会捕食幼鹿，因此当郊狼种群繁盛时，鹿群的数量也减少了。

鸟类

树木为鸟类提供了筑巢地点、庇护所及食物。没有山杨和柳树，许多鸟类失去了理想的栖息环境，便离开了黄石国家公园。

生存与灭绝

当一个物种的最后一个个体死亡时，就称之为**灭绝**。不过灭绝也并非全是坏事——一个物种的消失可能会为其他物种提供生存和进化的机会。

自然灭绝

自从地球上出现生命以来，物种灭绝就一直是生命进程中的一部分。所有的生命，包括动物、植物及微生物，已经进化了40多亿年，最终形成了今天我们熟悉的世界。正因为一个又一个的物种灭绝，才造就了最终能够适应环境的生物。

非自然灭绝

现在大多数的生物灭绝是由于人类活动的影响。人类肆意捕杀野生动物，改变自然栖息地的环境。正因为我们改变世界的速度太快，有些物种无法适应急剧变化的环境而面临威胁。

第六次生物大灭绝

当一个物种灭绝时，一般不会立刻对周围的环境造成影响，因此并不引人注意。然而，地球上曾经发生过五次生物大灭绝事件，在短短的地质时间里大量的物种灭绝了。这种大规模生物灭绝源于自然环境的急剧变化，比如小行星撞击地球、气候变化或者火山喷发。科学家认为我们现在正处于第六次生物大灭绝之中，而罪魁祸首就是我们自己——人类。

真相：科学家认为，由于人类的影响，

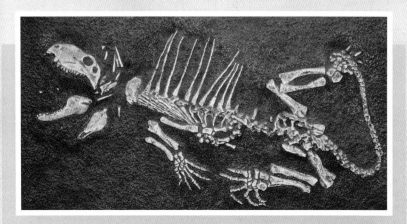

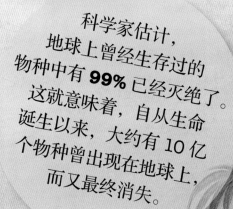

死亡并掩埋

　　我们之所以能够了解生活在地球上的史前生物，是因为在岩石中发现了它们的遗骸，也就是化石。化石是非常有价值的，我们可以借助化石所在的岩层，精确地推断出数百万年前各种各样的生物是何时出现，又是何时消失的。

　　科学家估计，地球上曾经生存过的物种中有 **99%** 已经灭绝了。这就意味着，自从生命诞生以来，大约有 10 亿个物种曾出现在地球上，而又最终消失。

永远
消失的渡渡鸟

　　渡渡鸟是由于人类活动而灭绝的最著名的动物。渡渡鸟是企鹅的近亲，生活在印度洋的毛里求斯岛上。当欧洲人在 1598 年第一次登上这座岛屿时，他们发现了这种一点儿也不怕人的鸟类，而且它们非常美味，从此渡渡鸟招来了杀身之祸。渡渡鸟不会飞，所以即使它们学会了躲避猎人，逃跑速度也并不快。登上岛屿的欧洲人还带来了新的动物——狗、猫及老鼠，这些动物都以渡渡鸟和它们的鸟蛋、幼鸟为食。大约 80 年之后，渡渡鸟就灭绝了。

目前生物灭绝的速度提高了超过 1000 倍。

有哪些威胁？

地球上有一个**物种**生存得非常成功，让其他物种都面临着灭绝的危险，这就是人类。**今天的地球上生活着大约77亿人口**，而且每秒钟还会有**2**个婴儿出生。

与其他动物一样，**人类也需要食物、庇护所、水及生存空间**，但是与其他物种相比，人类取走了更多的资源。**这给地球上的生态环境带来了深远的影响。**人类的活动对空气、**土地**和**水源**造成了污染，破坏了自然环境，并且占据了其他动物的生存之地。

对动物的生存造成威胁的主要因素：

生境缺失

这是大多数动物面临的最大问题。人类的活动，比如开垦农田、建造房屋、修高速公路或开采矿场，使得大片森林和草原被破坏，只留下了一块块小型的生态岛屿。生存在其中的动物很难建立领地和找到足够的食物，甚至难以找到配偶。

气候变化

气候变化的影响到今天已经开始显露：沙漠化加剧、两极冰盖融化、海平面上升……除非动物能够找到合适的栖息地或者能快速适应变化，否则它们的数量就会急剧下降甚至灭绝。

过度捕猎

现在，即使是那些受到保护的动物依然会遭到**非法捕猎**。许多野生动物或是被作为珍奇的野味搬上人们的餐桌；或是因为它们美丽的皮毛、羽毛、角而遭到捕杀；或是被当作传统药物的来源；或是被当作宠物随意买卖；或是被看作害虫而被肆意捕杀。

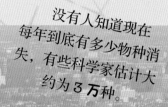

没有人知道现在每年到底有多少物种消失，有些科学家估计大约为 **3 万种**。

自然灾害

对动物的种种威胁也并不能都归咎于人类，还有些是由自然灾害造成的。森林火灾常常席卷炎热干燥的地区，横扫生存在此的植物，那些不能迅速逃脱的动物也会葬身火海之中。其他自然灾害包括洪水、海啸、地震和火山喷发等也给动物带来了威胁。

食物匮乏

如果一种食物来源减少或消失了，那么食物链上相邻的生物都会受到影响。如果处于食物链中间的一环消失，那么顶级捕食者可能会找不到足够的食物，食物链下层的物种则可能因为缺少捕食者而数量激增。

环境污染

人类活动产生大量的废弃物，并源源不断地排放到大气层、陆地、河流和海洋中，这会严重破坏自然环境。水源被塑料、农药、工业废水、下水道污水污染，对水生动物造成危害。而排放到大气层中的废气则是造成气候变化的罪魁祸首。

疾病肆虐

突然暴发的流行性疾病会对物种造成严重影响。如果一种动物已经受到栖息地减少和气候变化的威胁，那么疾病很可能会成为压垮它们的最后一根稻草。今天，有许多两栖类动物因为真菌感染而纷纷灭绝，而吸血螨则威胁到了蜜蜂的生存。

威胁有多严重？

　　我们如何确定一种动物受到了何种程度的威胁呢？全世界只有极少部分的物种得到了彻底调查。而只有当我们全面了解一种动物的生存情况时，才能准确判断出它面临着什么样的威胁。

生物学家正在研究加利福尼亚附近岛屿上的狐狸

　　要想知道一种动物是否受到了威胁，科学家就必须调查这种动物的种群数量，并观察种群数量发生了怎样的变化。然而这种调查在大多数动物当中实施是很困难的，所以科学家常常从侧面去了解情况：这种动物生存在哪里，栖息地的大小和质量怎样，这种动物是否成为其他动物的猎物，等等。每个国家的研究人员都有着不同的评估方法，但是在全世界有一个通用的标准，那就是世界自然保护联盟（IUCN）制定的物种受危等级，分为九个级别。

近危（NT）　　近危

　　属于近危的动物处于一定的危险之中，但是目前依然有足够多的种群数量，而且栖息地的环境良好。但这并不意味着它们就是安全的——突如其来的疾病就能夺去许多成年个体的生命。尤其是对那些繁殖周期比较长或者后代数量比较少的动物来说更为危险。

易危（VU）　　易危

　　这是受危名单上的首个级别。属于易危的动物在野外处于威胁之中，它们的种群数量急剧下降（差不多每十年下降一半），栖息地要么面积缩小并破碎化，要么受到了严重的破坏。成年个体可能只剩下不到1万只了。

濒危（EN）　　濒危

　　属于濒危的动物在野外有着极高的灭绝风险。它们的数量可能已经不到原有一半了，栖息地急剧减少，或者分裂成面积不到500平方千米的小块区域。属于这个等级的动物可能只有不到250只了。

马来西亚太阳熊

小红鹳

黑猩猩

白眉翡翠属于无危物种。

超过 **1/5** 的脊椎动物被世界自然保护联盟评估为濒临灭绝。

还有三种级别：无危（LC）、数据不足（DD）及未评估。

无危：研究人员对该物种进行了一系列调查，结论是该物种没有受到威胁。

数据不足：对该物种没有足够的调查数据，但这并不代表它们没有受到威胁。

未评估：对该物种没有进行有关受危状况的调查。

斑海豹的保护级别为无危。

极危

极危（CR）

这是动物在自然栖息地中灭绝之前的最后一个级别。它们的数量可能不到从前种群数量的10%，甚至可能只剩下一个种群了，生活在不到10平方千米的区域中。属于极危的动物常常只剩下不到50只成年个体了。

野外灭绝

野外灭绝（EW）

属于野外灭绝的动物已经没有野外个体了，只有少数人工圈养的个体。科学家会定期调查这些动物的原始栖息地，确定是否存在还没有被发现的野外个体。

灭绝

灭绝（EX）

如果在几个生命世代的时间里都没有在原栖息地发现该种动物的野外个体，并且也没有人工圈养的个体，那它就属于灭绝——永远消失了。不过，科学家依然在不懈地寻找——有时候很久没有发现一种动物，并不意味着它们就真的灭绝了。

目前野外只剩下 **148** 只鸮鹦鹉。

鸮鹦鹉

怀俄明蟾蜍

袋狼（塔斯马尼亚虎）

哺乳动物

哺乳动物是地球上极其复杂的动物类群。从娇小的猪鼻蝙蝠到庞大的蓝鲸，哺乳动物已经适应了地球上的每一处生境。

哺乳动物不同于其他动物类群的特征：浑身长满毛发，用乳汁哺育后代。大多数哺乳动物都有着特化的牙齿。绝大多数哺乳动物直接生下幼崽，不过有两类原始的哺乳动物——针鼹和鸭嘴兽，它们通过产卵繁殖后代。还有一类哺乳动物——有袋类，它们的幼崽自出生以后就待在母亲的育儿袋里，直到能够独立生存为止。

一些**受到威胁的**哺乳动物

西部大猩猩

大猩猩是类人猿家族中体形最大的成员。它们受到了伐木工人的严重威胁，因为伐木工人不仅砍伐了树木，使得它们的栖息地减少，还大兴道路建设，因此猎人得以进入丛林，使它们成为一道丛林美味而被大肆猎杀。同时，它们还遭受着致命的埃博拉病毒的侵袭。

兔耳袋狸

兔耳袋狸是一种生活在澳大利亚的小型夜行性动物，由于一身如丝般的长毛而遭到大肆捕杀。还有许多兔耳袋狸陷入野兔陷阱，或是吃了毒饵而亡。外来的猫和狐狸也会捕食兔耳袋狸。长时间的干旱也使兔耳袋狸的生存雪上加霜。

蓝鲸

蓝鲸是地球上体形最大的动物。它们生活在开阔的海域，以微小的磷虾为食。人类曾经一度为了获取鲸肉和鲸脂而大肆捕杀它们，不过现在它们已经得到了保护。但是，噪声、化学性污染、海洋温度上升等问题依然影响着蓝鲸的生存。

哺乳动物中包
含一些我们非常熟悉
的种类。然而，生
境缺失成为威胁
这些动物的主要元
凶，体形越大的动物
需要的生存空间也越多。
生境缺失使这些动物不得不闯
入人类的领地，甚至与人类产生冲
突。人类为了获取哺乳动物的肉、皮、毛、
角等，或是为了将它们驱逐出人类的居
住地，而不断地猎杀它们。外来物种也
成为另一个威胁，它们会与本地物种竞
争，或者干脆吃掉它们。

全世界
约 **25%** 的已知
哺乳动物受到威胁。

**野外
灭绝**

易危

易危

弯角大羚羊

　　弯角大羚羊因为头上长着一对又长又弯的
角而得名，这种角能卖到很高的价格，因此它
被大肆捕杀，濒临灭绝的边缘。人们也会为
得到肉和皮而猎杀它们。气候变化使得它们
栖息地变得极端干旱、荒芜。目前全世界仅
人工圈养条件下的弯角大羚羊了。

亚洲黑熊

　　亚洲黑熊又名月熊，因在它们的胸口处
有一个白色的月牙形条纹而得名。这种熊类
一直被当地居民作为传统医学的药物来源，
这是它们的主要受胁原因。此外，森林面积
的不断缩小、人类对它们栖息地的侵占也对
它们的生存造成了威胁。

大食蚁兽

　　这种长着长鼻子的动物非常擅长取
食蚂蚁和白蚁。大食蚁兽和它们生存的
栖息地都受到了人类的影响——人类不
断开垦荒地用于种植庄稼。自然和人为
引发的草原大火也让它们深受其害。此
外，大食蚁兽还会被猎人捕杀。

近危 美洲豹

美洲豹遍布**中美洲和南美洲各地**，它们主要生活在热带雨林中。然而，随着雨林不断被砍伐，美洲豹的栖息地也越来越小。

隐秘的大猫

　　美洲体形最大的猫科动物——美洲豹是一种凶猛的捕食者。它们的上下颌是所有猫科动物中最强壮的，它们可以死死咬住猎物的脖子使其窒息，或者用尖锐的牙齿咬碎猎物的头骨。美洲豹更喜欢伏击猎物，而不是追击猎物。它们常常会把捕捉到的猎物拖上树，在那里慢慢享用。

主要威胁

 生境缺失：美洲豹的家园——森林正由于人类的活动而面积缩小，或是被分割成小块。

 过度捕猎：虽然捕杀美洲豹是违法的，但是依然有人为了得到它们的皮毛而大肆捕杀。

 人类影响：为了保护家畜，农场主常常会射杀闯入农场的美洲豹。

真相：美洲豹甚至会跳进河流中，

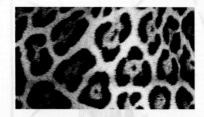

美洲豹是世界上体形第三大的猫科动物，仅次于狮和虎。

伪装

美洲豹的皮毛布满斑点，可以帮助它们融入雨林光影斑驳的背景之中。有些美洲豹的皮毛是黑色的，但是皮毛上玫瑰花般的斑点依然隐约可见。

数量
估计有 17.3 万只成年个体

体形
体长 1.1 ～ 1.9 米，尾长 45 ～ 75 厘米

体重
31 ～ 121 千克

食物
鹿、野猪、猴子、啮齿动物、鸟类、鱼类

生境
森林、沼泽、草地，喜欢生活在近水的地方

寿命
12 ～ 15 年

生存区域
美洲豹的身影遍布整个中美洲和南美洲

猎杀凯门鳄。

栖息地

与美洲豹一样，所有的大型猫科动物都需要大片领地。如果把它们隔绝在一小片森林中，它们就会很难找到足够的猎物，也很难寻觅到配偶。解决问题的办法是将一块块分隔的生境通过"生态走廊"连接起来。

威胁：开垦土地

大面积的森林被开垦为农田。上图中的这片土地将会用于放牧牛群，或是种植经济作物，如大豆或油棕榈。

雨林中有着许多自然资源，许多人利用这些资源赚钱。人们在雨林中砍伐树木、挖掘矿产、还修筑了一条条通向雨林深处的道路。随着雨林面积的缩小和破碎化，美洲豹的领地面积缩小了，而且也与其他美洲豹分隔开来。在开垦土地时留下"生态走廊"，能帮助它们迁移到其他地方，并更容易找到配偶。

家畜对于美洲豹来说是非常容易捕获的猎物。这种大型猫科动物有时会杀死马或成年牛，但它们更喜欢捕食小牛犊。农场主为了保护家畜，常常会射杀美洲豹。

虽然美洲豹可以在一年中的任意时候交配、产下幼豹，但是它们更喜欢在夏季生育后代，因为此时的猎物最多。母豹通常一胎产下 1~4 只幼豹，但最常见为 2 只。

真相：和其他大型猫科动物一样，美洲豹也会咆哮，

美洲豹
已经失去了
40%
的传统栖息地。

解决办法：生态走廊

生态走廊不仅对美洲豹非常有益，而且也为生活在雨林中的其他物种提供了栖息地。通过对美洲豹的保护计划，还有一些动物也同时得到了保护。

当地居民不再非法猎杀美洲豹，也不再非法交易美洲豹的毛皮和骨头，而是开始有了新的职业。有些当地人成为观光客的向导，带领他们徒步穿越雨林。

但它们的咆哮声听起来像是重重的咳嗽声！

极危

猩猩

猩猩在当地的名字寓意为"森林中的人"。这种大型类人猿很少出现在地面上，它们的一生几乎都是在树上度过的。

猩猩与我们人类有 **96.4%** 的 DNA 是完全相同的。

体形真大！

作为大型类人猿家族的一员，猩猩有着又长又强壮的前肢，能够挂在树上荡来荡去，它们的手和脚都能牢牢地抓住树枝。人们认为猩猩是极其聪明的动物，因为它们能制作工具，用来捕捉昆虫，甚至给自己挠痒痒！

主要威胁

🚜 **生境缺失**：大片森林被砍伐，农田、道路取而代之，木材也用于买卖。

🐾 **宠物贸易**：虽然捕捉猩猩用于宠物贸易是非法的，但是盗猎者却很少受到惩罚，因此这项贸易依然在进行。

◎ **过度捕猎**：当猩猩在森林边缘搜寻水果时，当地人为了保护农作物会杀死它们，有时候也会捕杀它们作为食物。

油棕榈种植业

棕榈油是食品加工业和生物燃料的重要原料，全世界对此的需求量很大。有许多热带雨林被毁，用于种植油棕榈。因此，猩猩的大多数栖息地都被破坏了。

真相：每天晚上，猩猩都会在树顶上用树叶和树枝搭一个窝，

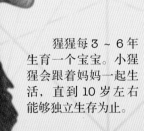

猩猩每 3 ~ 6 年生育一个宝宝。小猩猩会跟着妈妈一起生活，直到 10 岁左右能够独立生存为止。

孤独的家

偷猎者常常会杀死雌猩猩，这样就能抢走它们怀中的小猩猩，在宠物市场卖掉。这导致了许多年轻的猩猩孤苦无依，它们本来生活在母亲身边，母亲会教它们怎么寻找食物、制作工具、搭建睡觉的窝，等等。

数量
约 7300 只

体形
体长 68 ~ 100 厘米

体重
30 ~ 90 千克

食物
主要以水果和种子为食，有时也吃树皮、树叶和昆虫

生境
热带雨林

寿命
超过 45 年

生存区域
猩猩有三个物种，其中两种生活在印度尼西亚的苏门答腊岛，还有一种生活在加里曼丹岛

苏门答腊岛　　加里曼丹岛

重返学校

在野外，猩猩在一天中要花超过一半的时间来寻找食物。当小猩猩成为孤儿后，保护区的工作人员就会承担猩猩妈妈的任务，教小猩猩如何寻找食物、如何分辨可以食用的食物种类。

游戏时间

小猩猩喜欢一起打闹玩耍，但是一旦成年之后，猩猩就会在树上安静地生活——雌猩猩会带着自己的宝宝，而雄猩猩则独自生活。

用来睡觉。

海獭

海獭很少来到海滩上，它们大部分时间都待在海洋里。为了在睡觉的时候不被洋流卷走，海獭用长长的海藻缠绕住自己的身体，漂浮在海面上。

适应海洋生活

海獭是游泳健将，它们的尾巴就像船舵一样，可以在水下运动自如。海獭的皮毛是所有动物中最浓密的，这种厚厚的皮毛可以有效隔绝冰冷的海水，保持体温。海獭的前肢下方有皮囊，当它们在海底找到食物之后，就将食物放在里面，然后游出海面。海獭最喜爱的食物就是海胆。

数量
超过 12.5 万只成年个体

体形
体长 1.4 ~ 1.5 米

体重
14 ~ 45 千克

食物
海胆、螃蟹、贻贝

生境
海岸边缘的海域

寿命
12 ~ 15 年

生存区域
北部海岸边缘的海域，包括从堪察加半岛、俄罗斯延伸到阿拉斯加和加利福尼亚的海域

太平洋

主要威胁

- **过度捕猎**：海獭一度因为它们的皮毛而遭到人类的大肆捕杀，甚至几近灭绝。现在它们的种群数量开始逐渐恢复。
- **环境污染**：石油泄漏对海獭来说是一场大灾难。
- **捕食者**：随着栖息地中猎物数量的减少，海獭成了顶级捕食者（如虎鲸）的盘中餐。

真相：海獭的皮毛异乎寻常的厚，

海獭比水獭的体形大很多。

海獭以生活在巨藻林中的海胆为食，海胆主要食用巨藻的根系，一旦根系被破坏，巨藻就会漂浮到海面上死去。因此如果没有海獭，巨藻林就会不复存在。海獭是这个生态系统中的关键物种，因为它们关系到整个巨藻生态系统的存亡。

海獭保护区

18世纪和19世纪，人们为了得到海獭的皮毛而大开杀戒，有些地区的海獭种群数量急剧下降。现在在北美洲的部分沿海海域，为了恢复海獭的数量，人们开始引入新的海獭种群。

游泳课

许多与母亲失散的小海獭被研究人员收养，还被教会如何游泳和照顾自己。当这些小海獭能够独立生存时，就会被放归到野外。研究人员可能要尝试多次，才能真正让这些小海獭回归自然。

海獭群

海獭在休息的时候，常常会结成群体。海獭群通常不大，但有时也会聚集数百只成员。群体中的有些海獭还会彼此紧紧抓住，避免被洋流冲散。

每平方厘米有近 20 万根毛发！

埃塞俄比亚狼

在埃塞俄比亚高原生活着一种稀有的狼，这就是埃塞俄比亚狼。随着人类的猎杀和狗的入侵，它们的生活变得越来越艰难。

群居生活

埃塞俄比亚狼是一种群居动物，生活在由许多成员组成的狼群之中。一个狼群主要由成年雄狼和小狼组成，还有少数成年雌狼。但是只有一只成年雌狼能够生育小狼，它是狼群中的首领，其他成员会帮助照料和喂养它生下的小狼。

主要威胁

生境缺失：草原被开垦为农田或牧场，隔离了埃塞俄比亚狼的种群，并且造成猎物数量减少。

家养狗入侵：狗会与狼杂交，因此纯种的埃塞俄比亚狼越来越少。

疾病肆虐：狗会携带如狂犬病、犬瘟热等疾病的病原体，这些疾病很容易在狼群中传播开来。

人类影响：埃塞俄比亚狼常常会死于汽车车轮下，或是被农场主杀死。

真相：狼群并不总是一杀死猎物就马上将它吃掉，

成年雌狼每年会生育2~6只小狼，它们在石堆下面或者缝隙中建造巢穴，在里面生下幼崽。

来自狗的威胁

狗会对埃塞俄比亚狼造成血统不纯、疾病传播等威胁，因此人们现在会定期检查狼群，并为狗注射疫苗。研究人员还鼓励当地人保护狼群的栖息地。

隐藏

小型哺乳动物是埃塞俄比亚狼钟爱的猎物，比如野兔和田鼠。它们常藏身在牛群之中，避免被发现。

挖洞

埃塞俄比亚狼非常擅长挖洞，因为它们的主要猎物——鼹鼠就生活在地下。

巡逻

埃塞俄比亚狼单独狩猎，但是在黎明和黄昏时它们会巡视并标记领地，这时狼群成员便会碰面。

数量
大约 350 只个体

体形
从头到尾的体长为 1.1 ~ 1.4 米

体重
11 ~ 20 千克

食物
鼹鼠、田鼠、野兔、蹄兔，有时也捕食小羚羊

生境
高山草原，海拔超过 3000 米

寿命
在野外生存时，寿命约为 11 年

生存区域
目前在埃塞俄比亚高原海拔 3000 ~ 4500 米的地方，生活着大约 7 个种群

这只埃塞俄比亚狼压低身体，尾巴低垂，悄悄地接近猎物。

它们常常将猎物杀死之后先藏起来，稍后再吃。

海牛

顾名思义，海牛生活在海洋中，像牛一样是温顺的食草动物。热带海域靠近岸边的浅海礁石上生长的海草是它们最喜爱的食物。

哺乳动物

水手常常把海牛误认作美人鱼。

被当作美人鱼

海牛和它的近亲儒艮都是行动缓慢的大型海生哺乳动物。它们利用桨状的前肢和扇形的大尾巴在海洋中缓缓游动。海牛长着一口钉状齿，由于它们所吃的食物坚硬粗糙，因此牙齿会不断磨损，然后由新的牙齿替换。

主要威胁

🐾 **船只危害**：许多海牛会被汽艇撞死或撞伤，还有很多海牛卷入船只的螺旋桨中，因为它们听不见引擎的声音。

🚜 **生境缺失**：人们对沿海地区的开发破坏了海牛的觅食地。

🎯 **过度捕猎**：尽管海牛受到法律保护，但依然有人为了得到它们的肉和皮而进行非法狩猎。

🐾 **环境污染**：环境污染造成有毒的藻类泛滥，这些藻类会产生一种神经毒素，能够影响海牛和儒艮的神经系统。

数量
3.1 万 ~ 5.3 万只

体形
体长 2.5 ~ 3.9 米

体重
平均 450 ~ 1620 千克

食物
海草及其他海生植物

生境
沿岸海域、河口、河流

寿命
超过 50 年

生存区域
全世界有三种海牛，包括西印度海牛、西非海牛及亚马孙海牛。亚马孙海牛是唯一生活在淡水水域的海牛

西印度海牛
亚马孙海牛
西非海牛

真相：西印度海牛在休息时，

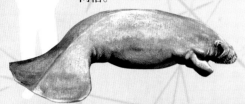

一头成年海牛的体长是一个成年人的两倍。

拯救海牛

西印度海牛面临的最大威胁来自汽艇。现在有些海域已经开始限制汽艇，甚至完全禁止汽艇进入。科学家也开始设计螺旋桨的保护装置，并调整引擎的设计，好让海牛能够听见引擎的声音，从而避开船只。

海牛的视力不太好。它们主要通过触觉感受周围的世界——布满刚毛的口鼻和肌肉质的唇都十分敏感。

儒艮

海牛

是海牛还是儒艮？

有一个很简单的方法来区分海牛和儒艮：海牛的尾巴呈桨状，而儒艮的尾巴酷似鲸的尾巴。

会仰面朝天躺在海床上。

袋獾

如果你来到塔斯马尼亚岛，到了深夜你就会听见一种怪异的尖叫声，这是袋獾的叫声。袋獾是一种争强好胜、脾气很坏的小型有袋类动物。

来自塔斯马尼亚的恶魔

袋獾身材短粗，长相似熊，体形和小型狗差不多大。它们身披粗糙的棕色或黑色皮毛，胸膛和身体两侧常有白色条纹。袋獾的上下颌十分强健有力，嘴里长满了尖锐的利齿，能咬碎骨头。它们是独居动物，但也会一起取食大型猎物的残骸。

面部疾病

袋獾正在遭受一种致命疾病的威胁。这种疾病是健康个体被染病个体撕咬后传染的。患病袋獾的嘴周围长出大块肿块，让袋獾疼痛难忍且无法进食，最后死亡。目前科学家正在试图保护健康的袋獾种群，并开始人工繁育袋獾。

主要威胁

➕ **疾病肆虐**：目前，一种致命的传染性面部疾病在袋獾群体中迅速扩散。

🐾 **物种竞争**：赤狐正在逐渐占据袋獾的领地，因此袋獾的种群数量减少了。

◎ **过度捕猎**：早期移民设陷阱捕捉袋獾或毒杀它们。直到1941年才将袋獾列为保护动物。

真相：袋獾被激怒时，

袋獾宝宝在妈妈腹部下方的育儿袋中长大。雌袋獾一次能生育多达20只小袋獾，但是只有3～4只小袋獾最后能存活下来。

狐狸的入侵
由于人为引进的赤狐和袋獾占据相同的生境，因此，一旦袋獾完全消失，赤狐就会取而代之，很可能造成当地许多物种灭绝。

数量
超过 2.5 万只成年个体

体形
体长 57～65 厘米

体重
5～14 千克

食物
喜欢取食动物尸体，但也捕食蛇、昆虫、鸟类等小型动物，甚至捕食袋熊

生境
沿海灌木林或森林

寿命
超过 6 年

生存区域
一度遍布整个澳大利亚，但现在只分布在塔斯马尼亚岛上

耳朵就会发红。

北极熊

想象一下，如果你脚下的陆地突然开始消失，会是怎样的情景？世界上体形最大的陆地肉食性动物——北极熊，就正面临这个问题，因为北极冰盖开始融化了。

北极之王

这种体形巨大的熊长着浓密的皮毛，皮下还有厚厚的脂肪层，非常适合在冰天雪地的北极生存。它们的脚掌很宽大，在冰面上行走时可以分散体重，脚掌上粗糙的掌垫还能让它们免于滑倒。

主要威胁

- **气候变化**：在夏季，北极海域上的浮冰大面积迅速融化，因此北极熊不得不游到更远的地方寻找食物。

- **食物匮乏**：浮冰的融化迫使海豹迁徙。这时北极熊就只能依靠身体中储存的脂肪生存，直到海面再次结冰，它们能够捕捉到海豹为止。

- **过度捕猎**：尽管北极熊是受保护的动物，但依然有人为了得到它们的皮和肉而非法狩猎。

- **环境污染**：某些有害的化学物质积聚在海豹脂肪中，然后再转移到北极熊体内，影响它们的健康。泄漏的石油能破坏北极熊皮毛的防水保温性能，它们会因此而被冻死。

游泳好手
北极熊非常善于游泳。当它们在水中游泳时，宽大的脚掌就像桨一样。

成年北极熊是独居动物，不过到了夏季和秋季，浮冰融化，有些雄性北极熊就会聚集成群。

真相：虽然北极熊的毛是白色的，但它们的皮肤却是黑色的，

雄性北极熊
的体长可达3米。

饥饿难忍

浮冰对于北极熊来说非常重要，它们必须依靠浮冰才能捕捉到猎物及往返于觅食地和巢穴之间。如果没有浮冰，北极熊就会被困在陆地上，它们就会挨饿。这时候北极熊就有可能闯入人类的居住地去寻找食物，与人类发生冲突。

数量
2.6 万只

体形
雄性体长 2.5 ~ 3 米，雌性要小一点

体重
雌性 150 ~ 650 千克，雄性超过 800 千克

食物
主要捕食海豹，也会捕食白鲸、海象等其他哺乳动物和水禽

生境
浮冰和沿岸区域

寿命
超过 20 年

生存区域
北极圈

捕捉海豹

北极熊追踪海豹的行踪，然后静静地卧在冰面上海豹留下的呼吸孔旁边，伺机捕杀浮上来呼吸的海豹。一旦海豹露面，北极熊就会用强有力的前掌猛扇，然后叼住海豹的脖子，将其拖出水面。北极熊还能在冰面下和陆地上捕杀海豹，它们还会将藏在雪堆下的小海豹挖出来，这些小海豹就在雪堆下的洞穴里出生。

生育小熊

到了冬季，雌性北极熊就会在冰雪中挖一个洞穴，然后钻进去冬眠并产下小熊。熊妈妈和熊宝宝会一直待在雪洞中，直到春季来临。小熊出生后直到 2~3 岁，都会一直跟着妈妈。

能帮助它们吸收阳光中的热量。

黑犀牛

黑犀牛是一种身体庞大而笨重的食草动物，它们的脾气很坏，会冲撞挡住自己道路的任何东西。黑犀牛十分看重自己的"个人空间"，一旦有其他动物闯入，它们就会喷鼻息、喊叫甚至咆哮，警告对方离开。

庞大的食草动物

犀牛的四条腿又短又粗，支撑着它们庞大的身躯。犀牛的皮肤很粗糙，酷似皮革，而且不生毛发。它们的吻部长着两只角（由角蛋白构成）。犀牛的视力很差，但是它们的听觉和嗅觉十分灵敏。犀牛一般在凉爽的清晨和黄昏觅食，其他时间都在休息。

数量
3 个亚种，截至 2010 年大约有 4880 只

体形
头臀长 3.0 ~ 3.8 米 尾长 0.25 ~ 0.35 米

体重
900 ~ 1300 千克

食物
树木、嫩枝

生境
主要生活在草原地区，也可以生活在沙漠和干旱的林地中

寿命
超过 40 年

生存区域
黑犀牛有 3 个亚种，分布于非洲南部和东部地区。还有一个亚种过去生活在喀麦隆，目前已经灭绝了

主要威胁

- **过度捕猎**：人们为了得到犀牛角而大肆捕杀黑犀牛，犀牛角用于制造当地传统药材及匕首鞘。

- **生境缺失**：黑犀牛的栖息地被大量开垦为农田和畜牧场，它们的家园面积大大缩小。

- **人类影响**：许多非洲国家战争不断、政局动荡，阻碍了犀牛保护区的建设。

真相：黑犀牛的上唇有尖尖的末端，能伸缩卷曲，

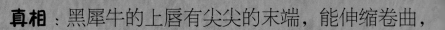

小犀牛会一直待在妈妈身边，直到它 2~4 岁，可以独立生存为止。

黑色，白色，还是灰色？

很难描述犀牛到底是黑色还是白色的，因为它们的皮肤颜色很相近，而且喜欢将自己裹上一层厚厚的泥巴。白犀牛（左图）其实是灰色或者棕色的。白犀牛的名字可能来源于人们将南非荷兰语中的"宽"（wide）错听成了"白"（white），"宽"这个形容词则是来源于白犀牛又宽又平的上唇。

非法狩猎

贩卖犀牛角是非法的，但是黑市上的犀牛角十分昂贵，因此偷猎活动屡禁不止。动物保护人员将一些犀牛的角锯掉，防止它们被偷猎者捕杀。

贴身保镖

现在，所有的犀牛都生活在特殊的保护区内，受到严密的保护。全副武装的工作人员日夜不停地在保护区巡逻，阻止偷猎者靠近。

可以将下枝条上面的树叶来吃。

鸟类

羽毛使得**鸟类**在所有动物中独树一帜，并能在天空中自由地翱翔。全世界有超过1万种鸟类，从娇小的蜂鸟到庞大的鸵鸟，形形色色，各不相同。

虽然所有的现存鸟类都有翅膀，但并不是所有的鸟类都会飞。鸟类的共同特征还包括：鸟喙、轻质骨骼、布满鳞片的腿及产下带有硬壳的蛋。有些鸟类善于游泳，有着带蹼的脚；有些鸟类结群生活；有些鸟类过着独居生活，或是生活在小群体中。

一些**受到威胁**的鸟类

巴厘岛八哥

这种八哥体色鲜艳，很受宠物市场欢迎，也因此将自己推向了灭绝的边缘。为了维持这些鸟类的野外种群，科学家对它们进行人工繁殖，并放归野外。

印度秃鹫

在印度，秃鹫的分布曾经非常广泛，从20世纪90年代中期开始，它们的种群数量开始急剧减少。这是因为受到了牛和羊等家畜所用兽药的影响——当秃鹫吃掉家畜的尸体时，这种药物会导致秃鹫肾衰竭，最终死亡。现在，人们已经开始使用更安全的药物来治疗家畜的疾病了。

黑长脚鹬

现在只有106只成年黑长脚鹬生存在野外了。这种涉禽在河边筑巢，上游排放的污水和泛滥的洪水破坏了它们的栖息地。黑长脚鹬还受到本地及外来捕食者的威胁。

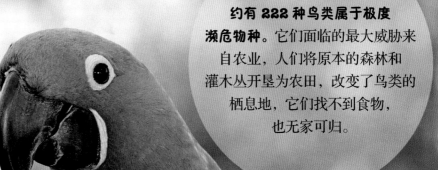

鸟类面临着许多威胁

栖息地丧失和气候变化对鸟类种群造成了巨大的影响。人们还会为了得到美丽的羽毛或可爱的宠物而大肆捕捉那些颜色鲜艳的鸟类。鸣禽也是颇受欢迎的宠物。在有些国家，人们捕捉野生鸟类作为食物。外来物种会吃掉鸟蛋和幼鸟，或者与本地鸟类竞争。过度捕捞鱼类是另一个严重的问题，因为海鸟将找不到足够的食物，它们还会被渔具困住或是弄伤。

目前世界上大约有 222 种鸟类属于极度濒危物种。它们面临的最大威胁来自农业，人们将原本的森林和灌木丛开垦为农田，改变了鸟类的栖息地，它们找不到食物，也无家可归。

易危

紫蓝金刚鹦鹉

紫蓝金刚鹦鹉是体形最大的鹦鹉。它们的颜色非常美丽，因此成为受人欢迎的宠物。金刚鹦鹉还受到毁林造田和非法砍伐的威胁。

濒危

亚洲朱鹮

朱鹮的头上长着醒目的头冠，这也给它们带来了毁灭性的打击——人类为了得到朱鹮的羽毛而大肆捕杀它们，直至几近灭绝。现在朱鹮得到了保护，通过人工繁育计划恢复种群数量。它们曾经遍布亚洲北部地区，而今由于栖息地的丧失，只剩中国拥有少量个体。

易危

眼斑冢雉

眼斑冢雉是在地面上生活的鸟类，它们将蛋产在温暖的沙堆中，利用沙子的热量孵化。气候变化引起的干旱可能是如今雏鸟难以孵化的罪魁祸首，而森林大火和外来捕食者（如狐狸）也造成了该种群数量的减少。

濒危

黄眼企鹅

黄眼企鹅是世界上最稀有的企鹅。由于人们大肆砍伐海岸沿线附近的森林，它们被迫去往开阔的沙丘地带筑巢。在那里，它们的蛋、幼鸟甚至成鸟都很容易成为外来物种（如猫、白鼬、老鼠）的猎物。

易危　南跳岩企鹅

全世界有两种跳岩企鹅（冠企鹅）——南跳岩企鹅（凤头黄眉企鹅）、北跳岩企鹅，它们的数量都在下降，但是没有人知道为什么。科学家推测可能是由于气候变化和过度捕捞鱼类导致的。

蹦蹦跳跳的企鹅

南跳岩企鹅体形小巧，长着红色的眼睛、红棕色的喙、两道黄色的长眉毛，让人印象深刻。南跳岩企鹅的家位于南冰洋的岛屿上，它们总是在石块间跳来跳去，因此而得名。它们非常吵闹，通过高亢的鸣叫声划分领地，驱赶捕食者，吸引异性。

群栖地

跳岩企鹅成双成对地在筑巢地点繁殖后代——这里可以聚集上千只企鹅。雌企鹅一次产下两枚蛋，但是通常只能孵化一个。小企鹅破壳而出之后，雌企鹅就去往觅食地，将小企鹅交给雄企鹅照料。长大一点的小企鹅成群挤在一起，等待外出觅食的父母回来。

主要威胁

- **食物匮乏**：过度捕捞，尤其是对乌贼的捕猎，可能减少了企鹅的食物源，使得它们找不到足够的食物而被饿死。

- **捕食者**：亚南极地区的海狗捕食企鹅，同时还会与企鹅竞争食物——鱼类。

- **气候变化**：海洋的温度上升可能导致磷虾等猎物数量的减少。

真相：你可以根据"眉毛"的不同分辨出不同的企鹅，

当雌企鹅出发去觅食时，雄企鹅就会从胃里吐出一种"乳汁"，喂养小企鹅。

食物到哪里去了？

所有的企鹅物种现在都面临着一个问题——无法找到足够的食物。海洋温度的上升和不可预料的气候变化导致猎物迁徙到新的海域，而企鹅必须游得更远才能捕捉到它们。人类的过度捕捞也抢占了企鹅的口粮。

鸟类

数量

还有约 250 万成年个体，但是有些种群的数量已经下降了一半

体形

高 52 厘米

体重

3 千克

食物

主要为磷虾，还包括乌贼、甲壳类、章鱼和鱼类

生境

筑巢地位于海岛的悬崖上和岩石缝中，靠近淡水水源

寿命

约 10 年

生存区域

南跳岩企鹅和北跳岩企鹅生活在南冰洋的不同岛屿上

北跳岩企鹅

南跳岩企鹅

南跳岩企鹅被划分为易危物种是因为它们的数量在最近几年开始大幅下降；北跳岩企鹅则属于濒危物种，在过去的 50 年间，北跳岩企鹅的有些种群数量下降了 90%。

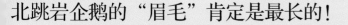

北跳岩企鹅的"眉毛"肯定是最长的！

美洲鹤

濒危

美洲鹤是一种非常特别的鸟类。它曾经一度几乎灭绝，但是现在的数量已经逐渐恢复，重新覆盖北美洲的广袤平原。

大平原上的鹤

早期移民为了得到野味，在美洲鹤的湿地筑巢区大肆射杀它们。因此，到了1941年，仅在加拿大西北部地区剩下16只美洲鹤。从那时开始，人们开展了一项保护美洲鹤的繁育项目，将野生美洲鹤的蛋拿走，进行人工孵化、喂养。但是由于没有美洲鹤父母教授小美洲鹤，因此繁育人员必须教会小美洲鹤一切事情，从寻找食物到如何飞往南方越冬。

主要威胁

🚜 **生境缺失**：美洲鹤位于北方的原始繁育地已经被开垦为农田，位于南方的越冬湿地被人为排干了。

🐾 **捕食者**：美洲鹤的雏鸟有许多天敌，包括狼、黑熊、貂熊、狐狸、金雕及猞猁。

数量
在野外和人工圈养环境下共有大约800只

体形
高1.5米，翼展2.3米

体重
4.5～8.5千克

食物
蛙类、啮齿动物、蜗牛、鱼类、昆虫、浆果、谷物

生境
沼泽、草原、浅水湖泊

寿命
在野外生存时，超过30年

生存区域
原始筑巢地之一位于加拿大阿尔伯塔省，还有一个繁育地位于美国威斯康星州，另外在南方有两个越冬地

阿尔伯塔省活动区

威斯康星州活动区

■ 筑巢地

越冬地

真相：美洲鹤又名高鸣鹤，

美洲鹤是北美洲最高的鸟类，几乎和一个成年人一样高。

美洲鹤的头顶上有一块红色的皮肤，嘴末端有黑色的"胡须"，还有着黄色的眼睛和又长又尖的喙。

长腿涉禽

　　成年美洲鹤有着两条黑色的长腿及雪白的身躯。小美洲鹤则是棕色的，成年后才会换上白色的羽毛。美洲鹤一次产下1~3枚蛋，但一般只有一只小鹤能长大。美洲鹤用芦苇和其他湿地植物在浅水区筑巢。雄鹤在遇到威胁时会挺身而出，保护巢穴。

因为它们的叫声特别高亢。

迁徙

当一只鸟不知道飞往何处越冬时，你该怎么教会它
迁徙呢？当然是跟随超轻型飞机上一堂飞行课啦！

遇上难题：怎样成长为真正的鹤？

养育小鹤

美洲鹤繁育计划的一部分就是
人工繁育小美洲鹤，因此繁育人员
将美洲鹤的蛋放在培养箱中孵化。
为了避免小鹤误认为人类是它们的
父母，繁育人员会穿上道具服，并
使用美洲鹤形象的玩具手偶，教授
小美洲鹤寻找食物和其他行为。

升上蓝天

有些鸟类生来就知道它们的迁徙路线，
但是美洲鹤却必须跟随其他成年鹤才能学
会。繁育人员在小美洲鹤还没破壳时就开
始给它们播放超轻型飞机的引擎声音，让
它们熟悉。当小美洲鹤换上飞羽之后，繁
育人员就开始训练它们跟随超轻型飞机进
行短途飞行。

真相：美洲鹤的化石遍布整个北美洲地区，

鸟类

解决办法：飞行训练

飞到南方去过冬

　　到了秋天，繁育人员会带着年轻的小美洲鹤开始一段1900千米的旅程，从位于美国威斯康星州的繁育中心出发，前往佛罗里达的越冬地。在这段旅程中，小美洲鹤会在适宜的地点停下来休息。到达越冬地之后，它们就必须自己谋生了，并在第二年春天自己飞回繁育地。从此之后，这些美洲鹤就可以不需要人类的帮助，完全依靠自己迁徙了。

　　输电线是刚刚学会飞行的小美洲鹤面临的严重问题之一，因此在有些地区，人们给输电线作了特殊的标记，好让小美洲鹤避开它们。这些标记是专门根据鸟类视觉设计的塑料片，色彩多样，还可以发出荧光。标记被悬挂在输电线上随风飘动，在晚上能发出长达10个小时的荧光。

驾驶超轻型飞机的飞行员必须在整个飞行途中穿着道具服，直到抵达佛罗里达！

可以追溯到数百万年前。

爬行动物

爬行动物在 3.2 亿年前就已经出现在地球上了。目前全世界约有 1.1 万种爬行动物，包括蜥蜴、蛇、龟、楔齿蜥及鳄鱼。

爬行动物有脊椎骨，大多数种类都有四肢，但是少数种类是没有腿的。爬行动物是冷血动物，需要从阳光中吸收热量来保持活跃。大多数爬行动物产卵，少数种类直接产下后代。所有爬行动物的体表都被覆鳞片，能够防止水分散失。

一些**受到威胁**的爬行动物

极危

长吻鳄

顾名思义，这种鳄鱼的吻部十分修长。雄性的口鼻末端长有一个隆起，形状很像印度的一种罐子。人类对河流的开发利用对长吻鳄的栖息地造成了严重的影响。由于长吻鳄主要以捕鱼为生，因此，渔夫也会为了保护、增加自己的渔获而捕杀它们。

易危

眼镜王蛇

这种剧毒的蛇分布于东南亚地区。当面对威胁时，它会竖起并展开身体前端，嘴里发出"嘶嘶"声吓退敌人。这种蛇面临的主要威胁是森林栖息地的减少，以及当地人为了获得皮革、食物、药材、宠物等对它们的大肆捕捉。

易危

楔齿蜥

楔齿蜥是一种活化石，因为它们自两亿年前出现以来就没有怎么改变过，属于一种古老的爬行动物。楔齿蜥能活到 100 岁以上，但是它们的繁殖速度很慢。由于外来物种入侵和气候变化，它们目前正面临着威胁。

在一些生态系统中爬行动物扮演着关键的角色

一旦它们消失，其他许多物种都会受到影响。许多爬行动物面临着栖息地丧失、气候变化、环境污染、外来物种入侵、疾病肆虐、被人类捕杀等的威胁。

脆弱的生物

科学家认为爬行动物比两栖动物更容易受到气候变化的影响。据估计有 20% 的爬行动物物种将会在未来 70 年间由于气候变化而灭绝。

全世界有 **28%** 的爬行动物受到威胁。

易危

拉波德氏变色龙

拉波德氏变色龙是一种不同寻常的蜥蜴，它们只能活一年，其中还有 7 个月的时间是在蛋中度过的（孵化期）。栖息地的环境质量下降，正在使它们从易危转向濒危。

极危

三线闭壳龟

有些人认为吃了这种龟的肉就能治疗癌症，因此这种龟在野外已经非常稀少了。它们在宠物市场也极受欢迎，同样也造成威胁。

灭绝

平塔岛象龟

这种象龟是加拉帕戈斯象龟的一个亚种，已知的最后一只平塔岛象龟，昵称为"孤独的乔治"，死于 2012 年。因为人类和入侵物种的影响，加拉帕戈斯象龟的另外 10 个亚种的数量也都在减少。山羊和牛等家畜还会与它们争夺食物。

易危

海鬣蜥

海鬣蜥是唯一可以在海水中游泳，并以海草为食的蜥蜴。石油泄漏和有毒物质排放，污染了它们的食物源和筑巢海滩。人类引入的猫、狗、老鼠还会捕食海鬣蜥和它们的卵。

47

棱皮龟

棱皮龟是世界上体形最大的海龟。它们用巨大的桨状前肢划水，在海洋中畅游，每年都要跋涉数千千米。

什么样的甲壳？

与其他海龟不同，棱皮龟没有坚硬的骨质甲壳，取而代之的是厚厚的革质皮肤，骨质板则位于皮肤下方。棱皮龟比其他海龟下潜的深度更深，有些棱皮龟可以潜入 1300 米的深海。棱皮龟的上颌边缘长着坚硬的角质鞘，用来代替牙齿，它们的喉咙中还长着方向朝后的棘状突起，帮助咽下食物。

美味的水母

棱皮龟最爱的美食是水母，它们是水母的主要捕食者。水母以小鱼和幼虫为食，所以如果没有棱皮龟来控制水母的数量，许多重要的鱼类就会受到影响。

真相：每只棱皮龟的头顶都有独一无二的粉色印记，

一只棱皮龟的前肢可以长达2.7米！

保护海龟
在有些国家，人们已经开始使用带有特殊开口的渔网，这样就可以使被困的海龟能够逃出来。海龟筑巢产卵的海滩被保护起来，免受人工开发和自然侵蚀。政府部门也开始严厉打击非法挖蛋活动。

主要威胁

过度捕猎：人们有时候为了得到棱皮龟的肉而捕杀它们，但大多数是为了得到它们的蛋。棱皮龟还可能被困在渔网里或渔线上，然后被淹死。

环境污染：棱皮龟常常会将塑料袋、气球等塑料垃圾当作水母吃下去。

生境缺失：棱皮龟用来筑巢产卵的沙滩正因海岸开发而逐渐被破坏。

小棱皮龟通常在晚上奔向大海，这样可以躲避捕食者。

数量
目前还不确定，但在太平洋区域的种群数量正在急剧减少
体形
1～2米
体重
250～700千克
食物
水母、海鞘
生境
开阔海域
寿命
可能是20～30年
生存区域
除了北极圈和南极洲附近最寒冷的海域之外，在全世界的海域均有分布，但是只在热带海域繁殖后代

一个没有月亮的夜晚
雌棱皮龟每隔2～3年来到热带海域的沙滩上，将蛋产在温暖的沙堆里。它们常常会返回自己出生的沙滩筑巢产卵。

雄性还是雌性？
雌棱皮龟先在沙堆中挖一个洞，然后产下多达110枚蛋，并用沙子重新盖上，防止捕食者来偷吃。巢穴中如果温度较高，蛋就会发育成雌性；如果温度较低，则会发育成雄性。

破壳而出
经过约60天的孵化，小棱皮龟破壳而出，它们借着夜色的掩护钻出沙堆，奔向大海。雄棱皮龟此后就再也不会返回陆地了。

可以用来区分个体。

科莫多巨蜥

神话传说中的龙真的存在吗？那只是传说罢了。但是在印度尼西亚的五座小岛上，生活着一种肉食性的巨大蜥蜴，它们的一咬即可致命。

危险的"龙"

科莫多巨蜥是世界上体形最大的蜥蜴。它们有着细长的身体、短而粗壮的四肢、粗大的尾巴，以及分叉的黄色舌头。它们的上下颌十分强健，可以撕碎动物尸体。科学家认为它们的唾液中有许多致命的细菌，能够感染猎物的伤口，被它们咬过的活着的动物会因此而中毒，最终猎物会因为败血症而死。科莫多巨蜥会跟踪被咬的猎物多日，直到猎物因失血和感染而死后，才开始享用尸体。

敏捷的猎手

科莫多巨蜥十分擅长游泳，可以在浅水处捕食鱼类和海鸟。小科莫多巨蜥会爬上树躲避捕食者，其中就包括成年科莫多巨蜥。

50

真相：科莫多巨蜥比人跑得快，

照料科莫多巨蜥

    20世纪30年代，随着科莫多国家公园的建立，科莫多巨蜥也被保护起来。由于科莫多巨蜥成了吸引游客的热点，为当地人带来了经济收入，因此他们也更加悉心保护和照料这些科莫多巨蜥。保护区的工作人员正在尝试人工繁育科莫多巨蜥，阻止偷猎者猎杀巨蜥，并尽力减少保护区外的生境破坏。

主要威胁

- **过度捕猎**：科莫多巨蜥是那些专门喜好捕杀巨兽的猎人的完美目标。还有些人为了得到科莫多巨蜥的皮和脚（用来制作新奇标本和旅游纪念品）而大肆捕杀它们。

- **生境缺失**：森林被开垦为农田，偷猎者在森林中放火，这些都影响了科莫多巨蜥的栖息地环境。

- **食物匮乏**：偷猎者的非法狩猎导致黑鹿数量下降，而黑鹿是科莫多巨蜥的主要猎物。

- **自然灾害**：火山喷发、地震和野火都会影响科莫多巨蜥的种群数量。

数量
超过 4000 只

体形
超过 3 米长

体重
超过 70 千克

食物
主要以腐肉为食， 也会捕食鹿、野猪、鸟类、 山羊和爬行动物

生境
炎热干燥的草地、热带雨林

寿命
在野外生存时，超过 50 年

生存区域
印度尼西亚的岛屿：小巽（xùn）他群岛、林卡岛、科莫多岛、弗洛雷斯岛、莫堂岛、达萨米岛

■ 当前种群

追踪气味！

    科莫多巨蜥通过舌头感知气味。它们能感知到10千米外的动物尸体的气味。如果许多科莫多巨蜥同时来到一具腐尸旁，体形最大、最强壮的巨蜥会先进食。有时它们彼此之间还会打架，输掉的巨蜥甚至会被同类杀死、吃掉。

短距离冲刺时的速度可达 18 千米／时。

两栖动物

两栖动物属于脊椎动物，包括蛙类、蟾蜍、蝾螈及蚓螈。目前全世界有将近 8000 种已知的两栖动物。它们的祖先是 4 亿年前第一类离开水域、登上陆地的动物。

两栖动物生活在除南极洲之外的世界各大洲。两栖动物种类最丰富的地方就是热带雨林，那里的气候温暖潮湿，适于它们生存。两栖动物通过皮肤进行部分的呼吸作用，因此它们的皮肤必须保持湿润。绝大多数的两栖动物还需要把卵产在水中。

一些**受到威胁的**两栖动物

极危

中国大鲵

　　这是世界上体形最大的两栖动物，可以长到 1.5 米长。大鲵是完全水生的动物，生活在冰冷、流速很快的溪流中。人们把大鲵的肉当作一道美味，因而大肆捕杀它们。此外，建设水坝和环境污染也会威胁它们的生存。

野外灭绝

奇汉西喷雾蟾蜍

　　这种蟾蜍只生活在坦桑尼亚的奇汉西瀑布的潮湿岩石区。然而人们修建了一座大坝，切断了大部分水流供给，这种蟾蜍的数量立刻锐减。现在正在对这种蟾蜍进行人工繁育，预计将来能让它们重返家园。

濒危

达尔文蛙

　　达尔文蛙的长相极不寻常：它们的脑袋呈三角形，口鼻部的末端还有一个突起。蝌蚪在雄性达尔文蛙的声囊中孵化、发育，直到长成幼蛙。砍伐森林和干旱导致了这种蛙类的数量急剧下降。

科学家将两栖动物当作健康生态系统的指示生物

这是因为两栖动物对气候、生境的变化及环境污染非常敏感，如果它们的数量迅速下降，就说明生态环境出现了问题。从 20 世纪 70 年代开始，全世界两栖动物的数量都在锐减。

32%
的两栖动物濒临灭绝。

致命的真菌

目前，两栖动物面临的最大威胁是一种致命的壶菌病。这种疾病是由一种真菌引起的，会侵犯两栖动物的皮肤，影响它们的呼吸和吸水性。这种致病真菌已经扩散到全世界，杀死了成千上万的两栖动物，甚至包括有些物种的最后成员。

极危

科罗澳拟蟾

这种有毒的小型蛙类生活在澳大利亚的山林地中，栖息地面积十分狭小。它们正受到气候变化和繁育地丧失的威胁。夏季常爆发的林地野火也会摧毁它们的家园。

极危

墨西哥钝口螈

墨西哥钝口螈是两栖动物世界中的彼得·潘——它永远也不会长大，会一直保持幼年时期的模样，头部周围长着羽毛状的鳃。这种蝾螈生活在墨西哥城附近的一小片运河水系和湿地中，而这一小块区域还在迅速缩小。

濒危

巨蛙

巨蛙是世界上最大的蛙类，可以长到餐盘大小。因此它们成了人们理想的肉食来源，人为捕杀成为它们最大的威胁。由于森林砍伐和水坝建设，巨蛙的栖息地受到了严重影响。此外，巨蛙还是很受欢迎的宠物，这也威胁到了它们的野外种群。

灭绝

金蟾蜍

金蟾蜍曾经生活在哥斯达黎加的高海拔云雾森林中。自从 1989 年之后，人们就再也没有发现它们的踪影，现在认为它们已经灭绝了。

蟾蜍聚会

人们对金蟾蜍的了解不多。这种神秘的动物一生中可能有部分时期生活在雨林地表层下的洞穴中，但在短暂的繁殖期大量聚集。每只雌金蟾蜍周围大约会围着八只雄金蟾蜍，因此雄性之间的竞争十分激烈。

真相：只有雄性金蟾蜍有着独一无二的金黄色外表，雌金蟾蜍体色要暗淡

云雾缭绕

蒙特沃德的高海拔森林常常被云雾笼罩。这里有着独一无二的生态系统，是世界上重要的自然保护区之一。

数量

不知道具体数量，目前认为已经灭绝。

体形

体长3.9 ~ 5.6厘米

体重

不清楚

食物

可能是小型无脊椎动物

生境

高海拔的多云雾森林

寿命

不清楚

生存区域

只生活在哥斯达黎加北部的蒙特沃德云雾森林中

哥斯达黎加

蒙特沃德

蟾蜍的秘密

在蒙特沃德云雾森林中发现的50种蛙类和蟾蜍，大约有一半在1987年灭绝了。这次灭绝事件的起因十分神秘，因为这里是人迹罕至的自然保护区，不会受到人类的干扰。科学界对此众说纷纭，但是目前的研究显示，可能是许多因素综合起来造成的。

主要威胁

气候变化：厄尔尼诺现象导致了1987年的极端干旱。可供金蟾蜍繁殖的池塘大多数都干涸消失了。

疾病肆虐：升高的气温为一种致死的真菌性皮肤病——壶菌病提供了适宜的条件。

生境缺失：金蟾蜍对环境变化非常敏感，因为它们生活在一个非常狭小的区域内——只有30平方千米。

一些，布满镶有黄边的深红色斑块。

鱼类

　　鱼类生活在地球上的水域中。大多数鱼类有着流线型的体形，体表被鳞用鱼鳍和鱼尾提供推力来前进和转向。鱼类没有肺，而是用鳃从水中吸收氧气。

　　鱼形动物是地球上出现的第一类脊椎动物，也是种类最多的脊椎动物——全世界有超过 3.3 万种鱼类。大多数鱼类生活在海洋或者淡水（湖泊、河流及沼泽）中，少数鱼类在两种水域中都能生存。

一些**受到威胁**的鱼类

路氏双髻鲨

　　双髻鲨等鲨鱼成为鱼翅贸易的牺牲品——它们被捕捞上来，在还活着的时候被割下鱼鳍，然后又被丢入海中。失去鱼鳍的鲨鱼不能游泳，最终会因窒息或饥饿而死。

斑点疣鳚（yóu bì）

　　斑点疣鳚仿佛长了两只"脚"，还可以在海床上"行走"，但其实那是它们的胸鳍。斑点疣鳚只生活在澳大利亚的塔斯马尼亚岛的一条河流入海口处。科学家认为，多棘海盘车（一种海星）吃掉了斑点疣鳚的卵，因此它们的数量十分稀少。

东大西洋石斑鱼

　　东大西洋石斑鱼体形巨大，通过猛地合上宽大的下颌来捕捉小鱼。它们生活在浅海区，很容易被发现和捕捉。人们为了得到鱼肉，或是为了休闲钓鱼而大肆捕捞它们，造成其种群数量急剧减少。它们的性成熟期比较晚，因此种群数量一直没有恢复。

鱼类面临着四大威胁

　　过度捕捞使得鱼类种群数量的下降速度超过了恢复速度，渔网捕捞时还会同时杀死其他非经济鱼类；环境污染会造成毁灭性的影响，包括石油泄漏、有毒物质泄漏、塑料等垃圾的倾倒，等等；气候变化造成了海洋温度升高——对有些海洋生物来说，温度升高一点儿就会让它们无法生存；拦河大坝的修建和围湖造田等都造成了淡水资源萎缩。

全世界 **26%** 的鱼类受到威胁。

极危

无危

濒危

大白鲟

　　这种体形庞大的鱼类能长到 5 米长，需要很多年才能达到性成熟。它们的卵（鱼子酱）被当作一道珍贵的佳肴，因此人们对它们大肆捕捞。拦河大坝的修建也阻碍了它们溯流而上去往产卵地的道路。

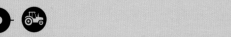

叶海龙

　　叶海龙的身体就像植物，很难与周围的海藻丛区分开来。它们生活在澳大利亚的沿海珊瑚礁和海藻丛中，但是由于人类活动的影响，这些栖息地的面积都在迅速萎缩。

考氏鳍竺鲷

　　考氏鳍竺鲷只生活在印度尼西亚东部的邦盖群岛附近。它们的外表非常独特而美丽，很受热带鱼爱好者的欢迎，因此遭到了大肆捕捉。由于它们的分布范围十分狭小，种群数量也很少，因此很容易受到影响。

南方蓝鳍金枪鱼

金枪鱼是游泳速度非常快的鱼类之一，蓝鳍金枪鱼更是其中的佼佼者。然而，全世界对于金枪鱼肉的大量需求，将它们推向了灭绝的边缘。

数量

据估计，从 20 世纪 60 年代以来，种群数量下降了 85%，甚至更多

体形

长 2 ~ 4 米

体重

200 ~ 400 千克

食物

小型鱼类、章鱼、鱿鱼、鳗鱼、甲壳类动物

寿命

15 ~ 40 年

生存区域

南方蓝鳍金枪鱼生活在大西洋、太平洋和南半球海域中

■ 南方蓝鳍金枪鱼

金枪鱼的体色——背部呈钢蓝色，腹部呈银白色——起到了很好的伪装作用，无论捕食者是在金枪鱼的上方还是下方都很难发现它们。

游泳好手

南方蓝鳍金枪鱼是一种体形庞大的鱼类，它的近亲北方蓝鳍金枪鱼也受到过度捕捞的威胁。与一般的鱼类不同，蓝鳍金枪鱼有一定的体温调节能力，因此它们可以在冰冷的海水中长距离漫游。金枪鱼的身体结构非常适于快速游动：身体僵直，呈鱼雷形，肌肉发达，尾巴强健有力，身体两侧的鳍可以伸缩。金枪鱼的游泳速度可达70千米/时。

主要威胁

● **过度捕捞**：尽管现在已经限制了捕捞金枪鱼的尺寸，但非法捕捞依然猖獗，造成金枪鱼的数量急剧减少。

● **环境污染**：在鱼类产卵场（例如墨西哥湾）的石油泄漏，可能会影响金枪鱼的未来种群。

真相：每年有成百上千的海鸟、海龟、鲨鱼在人们捕获金枪鱼的

信天翁的困境

信天翁一生中的大部分时间都在海洋上空翱翔。尽管它们并不是人类的猎物，但许多信天翁依然受到延绳钓法的威胁。信天翁喜欢叼走鱼饵，常常会被挂在鱼钩上，并在风浪中被船只拖曳直到溺死。而拖网捕鱼法也会伤害信天翁：它们可能会撞到缆绳或被困在渔网中。

鱼类

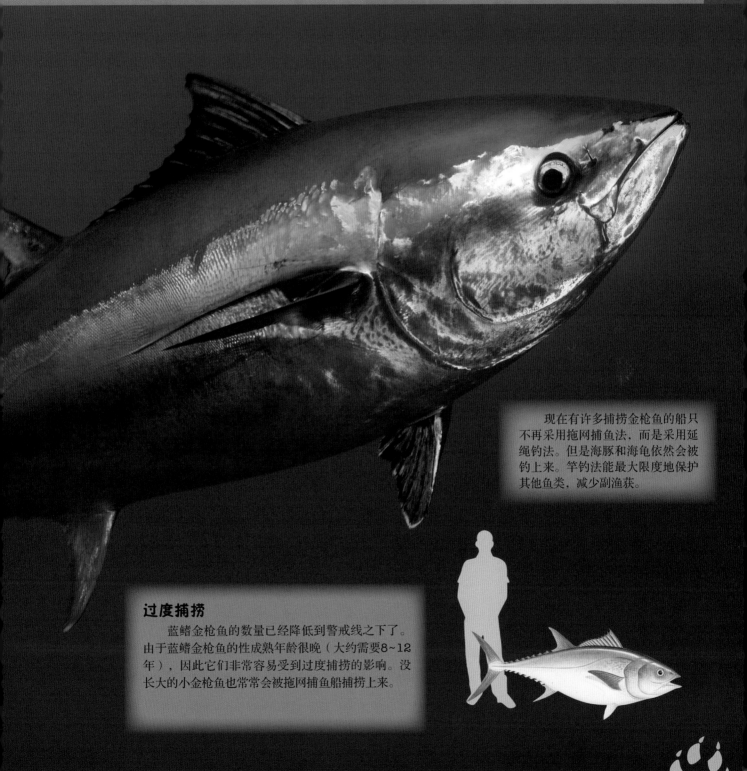

现在有许多捕捞金枪鱼的船只不再采用拖网捕鱼法，而是采用延绳钓法。但是海豚和海龟依然会被钓上来。竿钓法能最大限度地保护其他鱼类，减少副渔获。

过度捕捞

蓝鳍金枪鱼的数量已经降低到警戒线之下了。由于蓝鳍金枪鱼的性成熟年龄很晚（大约需要8~12年），因此它们非常容易受到过度捕捞的影响。没长大的小金枪鱼也常常会被拖网捕鱼船捕捞上来。

过程中遇害。

无脊椎动物

97% 的动物物种都是无脊椎动物。无脊椎动物涵盖了各种各样的动物类群，包括昆虫、珊瑚、蠕虫、甲壳类、蜘蛛等。

尽管这些无脊椎动物形形色色，但它们有着共同的特征——没有脊椎骨，没有骨质内骨骼，也没有上下颌。有些无脊椎动物有坚硬的外骨骼，还有一些动物有起到保护作用的贝壳。无脊椎动物能够适应广泛的生活环境——从结冰的海水到酷热的沙漠。

一些**受到威胁的**无脊椎动物

德古拉蚁

德古拉蚁得名于它们的生活习性：成虫会吸食幼虫的体液，就像吸血鬼一样（德古拉是一个著名的吸血鬼形象）。虽然这种行为不会杀死幼虫，但是当成年工蚁进入幼虫居住的小室时，幼虫还是会试图逃脱。德古拉蚁生活在马达加斯加，那里的森林面积正在减少，威胁到了它们的生存。

波利尼西亚树蜗牛

为了控制人为引入的非洲蜗牛，人们无意中将这种体形微小的蜗牛推向了灭绝的边缘。人工饲养的非洲蜗牛逃到野外后，开始大肆繁殖，人们为了控制它们的数量，引入了一种捕食性蜗牛。然而，这种捕食性蜗牛更喜欢的猎物却是本地的树蜗牛。

大西洋鲎（hòu）

鲎在4.5亿年前就出现在地球上了。成百上千的海鸟以鲎产下的卵为食，然而它们的产卵地——浅海沙滩，却由于沿海开发而遭到了破坏。鲎在人类医学研究中有着不可或缺的作用，尤其是在视觉研究领域。

种类繁多

目前世界上已经发现了 130 万种无脊椎动物，但依然有数百万种物种没有被发现。虽然很多无脊椎动物看起来很小、很不起眼，但其实它们对许多体形更大的动物的生存是至关重要的。

无脊椎动物面临着各种各样的威胁

可食用物种面临着过度捕捞和环境污染的威胁，比如螃蟹和龙虾；陆生物种面临着栖息地丧失、外来物种入侵、人为捕杀、气候变化的威胁。

全世界有

31%

的无脊椎动物处于威胁之中。

极危

锈斑熊蜂

锈斑熊蜂生活在北美洲东部地区。它们面临着和许多蜂类同样的威胁——果园和菜园里喷洒的农药，栖息地丧失，以及气候变化。许多野生熊蜂还死于家养蜜蜂传播的疾病。

极危

沙斯塔淡水龙虾

这种淡水龙虾只生活在加利福尼亚州的皮特河中。修建水坝和栖息地的改变将它们的种群分隔成若干小种群，彼此之间不能迁移。外来入侵物种也会与它们争夺食物和生存空间。

易危

植狩蛛

这种蜘蛛是一种半水生生物，生活在静水区或水流缓慢的水域。它们能在水面上奔跑，并在水下捕食猎物。人们将湿地排干造田，以及对水源的污染，都破坏了它们的栖息地，使得它们濒临灭绝。

珊瑚礁

珊瑚礁是地球上极其富饶、多样的生态系统之一。虽然珊瑚礁只覆盖了地球不到 1% 的表面积，但却是全世界 25% 的水生生物的家园。

千年造礁

珊瑚礁位于温暖的浅海，是由一种微小的海洋生物——珊瑚虫分泌的钙质构成的。珊瑚虫有一个管状的身体，口部周围长着一圈带刺的触手，它们可以分泌钙质，构成一个杯状外骨骼，自己就位于外骨骼中，许许多多的钙质外骨骼就形成了珊瑚礁。上图中每一个圆环就是一只珊瑚虫的口部。

珊瑚礁需要数千年的时间才能形成，然而超过 70% 的珊瑚礁因为气候变化、环境污染、过度开采、捕鱼等遭到了严重破坏。

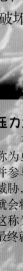

压力之下

有些珊瑚虫体内含有一种特殊的藻类，称为虫黄藻，它们可以为珊瑚虫制造食物，并参与多彩颜色的形成。如果珊瑚虫受到了威胁，比如环境污染或海水温度升高，它们就会将虫黄藻排出体外，珊瑚也会因此变白，这称为珊瑚白化。如果白化程度加剧，珊瑚最终就会死亡，只留下白色的外骨骼。

真相：如果珊瑚礁白化的程度不高，还是能够恢复的，

死亡与毁灭

珊瑚礁是捕鱼业的主要目标。为了捕捉用于水族贸易的热带观赏鱼，人们用氰化物将生活在珊瑚礁里的鱼类毒晕，然而这样会杀死珊瑚。爆炸式捕捉食用鱼也会极大地破坏珊瑚礁。而珊瑚礁本身也被大量采集，用于水族贸易、制造珠宝及装饰品。

珊瑚礁居民

珊瑚礁上密布缝隙和洞穴，成为海葵、小虾、鱼类、海龟、海绵、海星、海蛇和螃蟹等海洋生物理想的栖身之所。珊瑚礁还能吸引海鸟和捕食性鱼类，包括鲨鱼和石斑鱼。

千奇百态

全世界有1000多种不同的珊瑚，它们的形状和大小都各不相同。有些看起来像人类的大脑，还有些像鹿角、平台或者柱子。

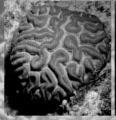

脑珊瑚

海扇珊瑚

鹿角珊瑚

且是可能需要 10 年时间才能完全恢复。

黑脉金斑蝶

　　黑脉金斑蝶是一种引人注目的蝴蝶，鲜艳的橘红色翅膀上布满黑色的粗条纹。每年秋天，黑脉金斑蝶就会从北美洲飞往数千千米之外的南方越冬，第二年春天，黑脉金斑蝶又会回到北方的家园，但是这些蝴蝶不再是原来那一代成员。

迁徙之旅

　　黑脉金斑蝶生活在全世界的许多地方，主要分布于美洲，此外还有印度和澳大利亚的周边地区。黑脉金斑蝶的平均寿命是两个月，但是即将飞往越冬地的蝴蝶的寿命可以长达7个月。这样它们才能飞往墨西哥过冬，并在春天产卵，让自己的后代继续返程之旅。

越冬之地

　　黑脉金斑蝶大迁徙之中最为神秘的一点就是：每年这些蝴蝶都会飞往南方，停息在同一片树林中越冬。数百万的黑脉金斑蝶簇拥在一起，树木枝条上犹如覆盖了一层蝴蝶"毯"。有时候停息的蝴蝶太多，枝条甚至会不堪重负而折断。到达越冬地之后，这些蝴蝶便开始几个月的静静休眠。待到春天来临，气温升高，它们便会苏醒过来，寻找乳草并在上面产卵。众多的蝴蝶一起翩翩飞舞，犹如橘红色的云雾一般。

贪吃的幼虫

　　黑脉金斑蝶的毛虫只吃乳草，因此乳草对这种蝴蝶来说极为重要。乳草中含有有毒的化学物质，但是毛虫并不会中毒，反而会吸收其中的毒素储存在体内，避免自己被鸟类和哺乳动物等捕食者吃掉。

真相：总督蝶长相酷似黑脉金斑蝶，

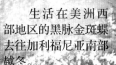

黑脉金斑蝶的一生

雌蝶在乳草上产卵。

四天之后，毛虫从卵中孵化出来，开始为期两周的疯狂进食。

毛虫在树叶或枝条上织一个丝垫，然后大头朝下倒挂起来。毛虫蜕皮，形成一个绿色的蛹。

蛹的身体重组，逐渐形成一只蝴蝶。

蛹的外壳裂开，蝴蝶从中钻出，将翅膀慢慢展开。

新生的蝴蝶会挂在蛹上几个小时，直到翅膀变干变硬。然后蝴蝶就飞走了。

生活在美洲西部地区的黑脉金斑蝶去往加利福尼亚南部越冬。

第一代黑脉金斑蝶在开始返回之旅时就会死去。最终返回北方家园的蝴蝶是第二代、第三代甚至是第四代蝴蝶。这些蝴蝶从来没有踏上迁徙的旅途，它们是怎么知道回家的路的呢？这个问题依然是一个谜。科学家认为黑脉金斑蝶天生就知道迁徙路径，在迁徙过程中，它们通过太阳确定自己的位置。

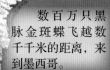

数百万只黑脉金斑蝶飞越数千千米的距离，来到墨西哥。

主要威胁

黑脉金斑蝶并不是濒危物种，但是它们在墨西哥过冬期间栖息的树木受到了非法砍伐的威胁。大片森林已经被保护起来，而且伐木业的规模也减少了一半。目前已经建立了一个蝴蝶自然保护区，用来吸引游客，为当地居民增加收入，这就能够进一步保护这里的树木了。

因此可以避免被捕食者吃掉。

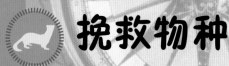

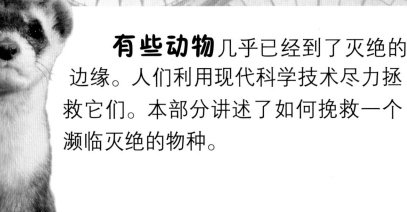

有些动物几乎已经到了灭绝的边缘。人们利用现代科学技术尽力拯救它们。本部分讲述了如何挽救一个濒临灭绝的物种。

黑足鼬属于鼬科，与黄鼠狼是近亲。它们曾一度遍布北美洲的草原，捕食草原犬鼠，住在洞穴中。但是，当农场主开始清除草原犬鼠时，黑足鼬的数量急剧下降。

黑足鼬

数一数！

黑足鼬曾经仅剩19只野生个体。

休戚相关

当一种野生动物的数量过少时，将野外的幸存个体人工圈养起来可能是最好的解决办法。人们已经开始对几种濒危动物进行这样的人工繁育，黑足鼬就是其中之一。在疾病传播和猎物（草原犬鼠）数量减少的双重夹击之下，黑足鼬的数量曾经锐减到仅剩19只个体。1987年，最后一只黑足鼬野生个体被人们捕捉的同时，开启了一项旨在帮助它们免于灭绝的保育计划。

帮助

在圈养环境下人工繁育野生动物并不容易。这些动物没有生活在天然的生境中，因此可能不会成功配对，或者需要人类的帮助才能生下后代。科研人员会挑选身体最健康的动物用于人工繁育。

草原犬鼠对黑足鼬的生存至关重要。

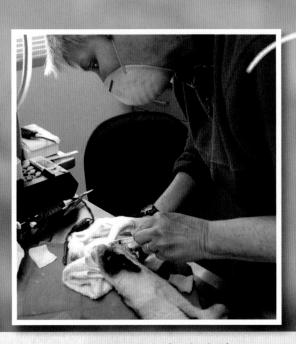

真相：现在，黑足鼬的受威胁等级已经从野外灭绝变为濒危。

黑足鼬·小·档案
　　黑足鼬从头到尾体长可达60厘米，重约1千克。它们的寿命为3～5年。

关键区别

　　小种群面临的问题之一，就是只有少数个体处于适宜繁殖的年龄。另一个问题则是亲缘关系过近。一个物种能否生生不息，依赖于基因（决定动物外形和行为的编码系统）的随机变异，以及将适于生存的基因传递给下一代。基因多样化使得种群中的个体有着些许不同，这样就能适应不同的环境。

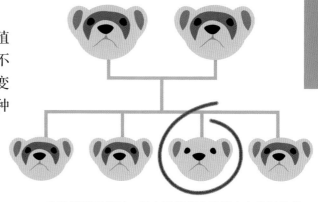

动物繁殖后代时，每个子代都会继承来自父母的基因。在这个过程中，有时会产生变异，变异的子代可能更适应环境，有助于种族延续。

重返野外

　　从1991年起，人工圈养的黑足鼬已经足够多，可以放归野外了。但是，研究人员必须确保放归地点是黑足鼬的理想栖息地，并且有许多草原犬鼠。

成功了！

　　现在，黑足鼬的数量已经增长到1000只左右，分布于17个自然保护区。研究人员在把它们放归野外之前，会教它们如何捕捉草原犬鼠，并给它们接种预防鼠疫和犬瘟热的疫苗，这两种疾病曾经在黑足鼬种群中肆意传播。每年都有超过250只黑足鼬被放归野外。

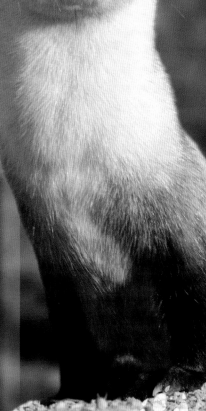

调查特定物种的种群数量并不是一件容易的事，哪怕是像老虎这样的大型动物。现在全世界仅有不到 3200 只野生虎，不过还是有一些人迹罕至的地方，让这种行踪诡秘的动物藏身其中，躲过了人们的视线。

老虎的领地

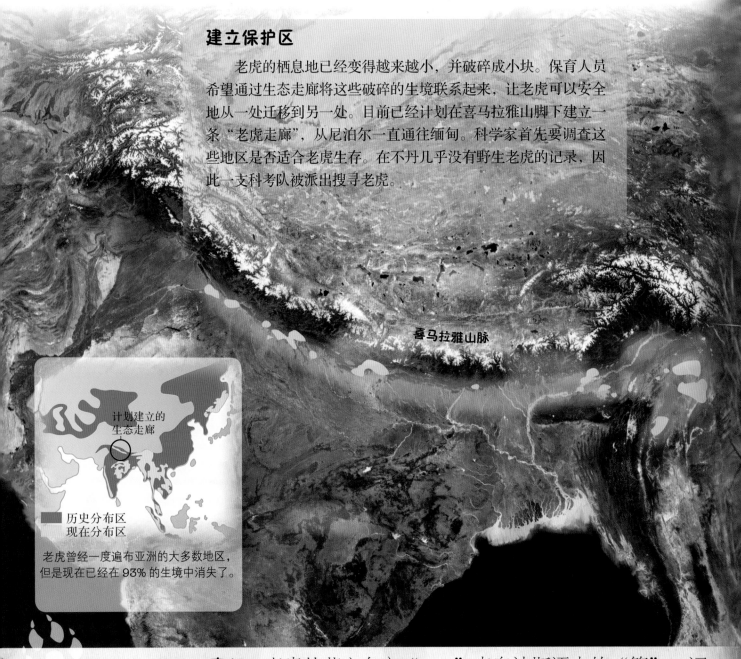

建立保护区

老虎的栖息地已经变得越来越小，并破碎成小块。保育人员希望通过生态走廊将这些破碎的生境联系起来，让老虎可以安全地从一处迁移到另一处。目前已经计划在喜马拉雅山脚下建立一条"老虎走廊"，从尼泊尔一直通往缅甸。科学家首先要调查这些地区是否适合老虎生存。在不丹几乎没有野生老虎的记录，因此一支科考队被派出搜寻老虎。

喜马拉雅山脉

计划建立的生态走廊

■ 历史分布区
现在分布区

老虎曾经一度遍布亚洲的大多数地区，但是现在已经在 93% 的生境中消失了。

真相：老虎的英文名字"tiger"来自波斯语中的"箭"一词，

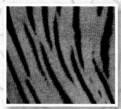

条纹毛皮

为了精确地统计老虎的数量，科学家采用了"条纹身份鉴定法"。每只老虎的条纹都是独一无二的，科学家将其拍成照片并输入数据库，此后当这只老虎经过人工架设的摄像机时，就能被鉴别出来。

生活在高山之巅

老虎喜欢生活在森林里，但是据说在不丹的高山山顶有老虎出没，这是极不寻常的，但人工架设的摄像机确实拍下了老虎的身影：一只雄虎在标记领地，还有一只雌虎有了怀孕的迹象。这表明老虎可以在高海拔地区生存和繁殖。老虎还能生活在山麓和丘陵。一旦保护区建立起来，这里就能成为一个老虎避难所，老虎可以通过这里去往其他地区。

这只老虎正在检查气味标记。

调查清单

在评估一个地区是否适合老虎生存时，科学家要调查一系列关键信息。

评估生境的适宜性，这里是老虎的理想栖息地吗？

调查还有哪些动物生活在这里，生态系统是否健康？

询问当地居民，在哪里、在什么时候发现过老虎？

寻找老虎的踪迹，比如粪便、爪印、猎物残骸等。

安装摄像机，记录此地有多少只老虎，它们生活在哪里。

调查这里是否有足够的猎物供老虎食用。

因为这种大型猫科动物的奔跑速度非常快。

保护濒危动物

保护野生动物对维持全球生态平衡至关重要。现在全世界已经有许多组织致力于保护濒危物种。拯救行动的关键在于保护生态环境及保持动物种群的持续繁衍。

如何拯救**野生动物**?

维持天然

许多国家都建立了国家公园或自然保护区，这里的动物生活在未受到破坏的自然环境中。但是，这些保护区依然需要严密监控，确保没有非法砍伐与偷猎等活动。有时必须对保护区进行必要的修复和管理，才能维持这里的生态平衡。

繁育计划

人们对有些动物（如金丝猴）实行人工繁育计划，帮助它们逐渐恢复种群数量，免于灭绝的威胁。人工繁育通常在动物园或其他圈养条件下进行。一部分人工繁育的后代会被放归野外，放归地点通常是保护区。

迁地保护

有时人们不得不将濒危物种从原始栖息地转移到其他更安全的地方。在新西兰，一群鸮鹦鹉被迁移到一个小岛上，那里没有捕食者，不会威胁到这些不会飞的鸟类和它们的蛋。

人工繁殖成功地使普氏野马的数量从31只增长到大约1500只。

真相：在世界自然保护联盟的红色名录中，

保持健康

疾病可以摧毁整个动物种群，尤其是那些受到威胁的物种。有时疾病是由亲缘关系相近的动物引入的。家养犬会把疾病传染给埃塞俄比亚狼，所以一旦埃塞俄比亚狼生存的区域受到疾病威胁，研究人员就会给这里所有的犬科动物接种疫苗。

法律保护

保护生物多样性非常重要，因此几乎所有的国家都颁布了相关法律，用于保护本国的野生动物和自然生境。国际上也有相关法律条款，用于保护国际区域的生物和生境，禁止针对野生动物的非法贸易。

保护组织

一些规模较大的保护行动是由国际保护组织发起的，这些组织包括世界自然保护联盟、世界自然基金会、保护国际基金会及国际鸟类联盟。他们活跃在保护生物的世界舞台上，甚至可以帮助当地政府制定保护物种的相关政策。

自然保护区并不局限于陆地——在海洋中，有一些区域也被划为自然保护区，保护生存在其中的海洋生物。

这需要社会各界的努力与合作，包括政府、野生生物专家及像你一样的自然爱好者。

共收录了大约 1.3 万种受威胁的动物。

花园里的小·自然学家

你也可以尽自己的绵薄之力挽救野生动物。你不需要加入某个动物保护组织，也不需要到海外旅行。在你家的花园里你就可以大有作为。毕竟，这里也是你生活的地方。

探索工具

每位自然学家在造访大自然时，都需要良好的装备。一个放大镜可以让你看清体形微小的生物；望远镜则可以让你远距离观察那些容易被惊扰的动物；一个玻璃瓶可以改造成临时水族箱；一把抄网则能从池塘里打捞有趣的动物，或是捕捉翩翩起舞的蝴蝶。

调查物种

记录下你在花园里碰到的所有动物——哺乳动物、鸟类、爬行动物、两栖动物及昆虫。搜寻一下动物喜欢藏身的地方，比如枯枝下面、落叶堆里或灌木丛中。用笔记本记录一下你在何时何地遇见的何种动物，这样你就能知道它们是季节性的过客还是长期逗留的本地居民了。

星期一：狐狸足印

星期二：游蛇

星期三：蓝山雀、麻雀

星期四：猫、瓢虫

星期五：两只甲虫、

鸽子

什么动物藏在落叶堆下面？

追踪足迹

在你熟睡的时候，有一些不速之客偷偷潜入了你家的花园。许多动物喜欢在晚上出来觅食，因为这时候更安全。你可以查看它们在柔软的泥地、沙地或雪地上留下的足印，判断一下到底是哪位神秘的访客。

犬科动物

狗和狐狸的四只脚趾上长着爪。

猫科动物

猫的足印有四个大小一致的足垫，而没有爪的痕迹。

鼬科动物

獾、鼬和水獭的足印有五个脚趾，并有清晰的爪的印记。

啮齿动物

啮齿动物的前足上长着四个脚趾，后足上有五个脚趾。

真相：花园为本地动物提供了重要的栖息地和觅食地。

鉴别手册

玻璃瓶

望远镜

放大镜

抄网

样方勘察

你也可以像一个真正的环境保护学家一样，研究一下你家花园里的野生动物。为什么不来尝试一下样方勘察法呢？你需要四根1米长的木条或塑料管（或者一根4米长的绳子），将木条或塑料管钉成一个正方形框（或将绳子首尾相连，用四根树枝将绳子撑成正方形）。

将方框放在地面上，然后记录方框中出现的所有动物的种类和位置。每隔几周，在相同地点重复以上步骤，看一看有什么新发现。

保护组织

登录右侧这些环保组织的官方网站能为你提供关于保护本地野生动物的帮助。

http://www.cwca.org.cn
http://www.wwfchina.org
https://www.mee.gov.cn

建立迷你保护区

现在你已经知道有什么动物生活在你家的花园里了。如果你能行动起来，花园就能成为更多动物的保护所。即使有些动物从未在你的花园里出现过，你也可以自己动手，把它们吸引过来。

两栖动物公寓

两栖动物喜欢生活在潮湿、阴暗的环境中，一个倾倒的花盆就能为青蛙、蟾蜍、蝾螈提供一个完美的栖身之所。

1 在花园中找一块阴凉的地方，挖一个浅坑。将一个陶质花盆半埋在坑里。

2 在花盆里放入一半的土壤，然后用一些潮湿的落叶装点一下这个两栖动物之家。

3 清扫撒在附近的土壤。用喷壶将花盆淋湿，让花盆一直保持湿润。

4 在花盆旁放一个小碟子，里面注满水，即将入住的两栖动物房客会很喜欢这个水盆。你可以在碟子里放一些小石子，免得碟子被打翻。

瓢虫避难所

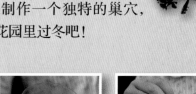

园丁很喜欢瓢虫，因为它们能吃掉花园里的害虫。快来制作一个独特的巢穴，邀请瓢虫在你家的花园里过冬吧！

1 取一张瓦楞纸，逆着条纹剪下一个长条。

2 将矿泉水瓶的顶部剪掉，把瓦楞纸卷成纸卷，轻轻塞进瓶中。

3 将几根树枝塞进纸卷中，一端露在外面，这些树枝就是瓢虫的梯子。

4 找一个干燥、隐蔽的地方，比如灌木丛中。将瓶子放在里面，瓶口略微下倾，这样下雨时雨水就不会灌进去。

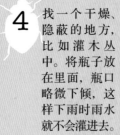 

回归自然

如果你想吸引更多的野生动物来到花园里，就必须为它们提供多样化的栖息地。乔木和灌木是鸟类和昆虫喜爱的庇护所，结出的果实或种子又填饱了它们的肚子。你还可以说服你

花园树篱为各种各样的野生动物提供了食物、庇护所和筑巢地点。

的爸爸妈妈在花园里留一块小角落，让那里回归自然——荨麻、荆棘、常春藤等野草会为许多动物提供食物和栖息地。

独居蜂之家

不是所有的蜂类都生活在蜂巢中。有些蜂类过着独居生活，在冬天，它们喜欢藏身于墙壁上的缝隙之中，或是中空的植物茎秆中。

鸟类喂食器

鸟类色彩鲜艳，叫声悦耳，是所有花园最受欢迎的访客。你可以放一些鸟食来吸引鸟儿，尤其是在食物缺乏的冬天。

1 收集一把长度大致相同的藤条或细竹竿，用胶带扎成一捆。

2 将这捆藤条紧紧地压在一块橡皮泥上，这可以封闭茎秆的另一端。

3 将这捆藤条放进一个花盆中，橡皮泥朝向底端，裸露的茎秆朝外。

1 取一个洗干净的空果汁盒，在盒底往上5厘米处剪一个小洞。

2 将彩色的塑料袋剪成叶片的形状，然后用胶水将这些叶片粘在果汁盒上作为装饰。

3 在果汁盒底部钻几个小孔，这样雨水就能排干了。

4 将花盆放在一个干燥、向阳的地方，独居蜂会自己找上门来，舒舒服服地住在茎秆中，度过冬天。

4 将一根树枝从小洞下方穿过，这就成了小鸟的栖木。把喂食器装满鸟食，然后挂在花园里。

一项 2009 年的调查发现了马达加斯加岛上约 200 种全新的蛙类。

对那些到偏远、原始的地区调查的科学家来说，大自然还有许多未被揭开的秘密。即使如此，全世界依然有许多物种还没有被人发现、鉴定就灭绝了。

每年大约能发现 18000 个新物种，相当于每小时发现超过两种！

科学家每年都能发现数千个新物种。据估计在 2006 年，平均每天有 50 个新物种被发现。

在海底的热泉喷口处，发现了 **650** 多个新物种。

这些物种中许多是无脊椎动物或者生活在海洋中。一项为期 10 年的海洋调查发现了 5000 多个新物种。科学家认为海洋生物可能多达 100 万种，而我们到目前为止只发现了 20% 的海洋生物。

2009 年，在澳大利亚内陆的洞穴中发现了大约 850 种新的无脊椎动物。

那些藏在地下的微小生物可能不太容易被发现，但是近年的研究也发现了一些体形较大的新物种，比如几种猴子、一种体形很小的鹿、一种沙袋鼠及一种树袋鼠。

"我们不知道到底有多少种物种，它们生活在哪里，什么时候会灭绝。就像在天文学中，我们也不知道有多少颗星星一样。"

威尔逊

研究人员已经鉴定出 209 种新的蝶螺，它们都不到 1 厘米长。

真相：科学家估计海洋中所有微生物的重量相当于

体大如猫的老鼠

　　热带雨林是发现新物种最好的"狩猎场"。2009年，研究人员在巴布亚新几内亚的一座死火山口发现了一种可能为新物种的似鼠动物。研究人员运用专业技术捕获了一只活的动物，经过鉴别，命名为博萨维长毛鼠（如右图）。这种老鼠完全不怕人，因为它们几乎没有遇到过人类。

处于威胁之中

　　有些物种没有被发现是因为它们生活在极为偏远或狭小的地区。灰脸象尖鼠（如左图）于2008年在坦桑尼亚被发现，现在被划分为易危物种。虽然它们的栖息地——两处狭小的山地森林已经被保护起来，但是依然面临着野火和人类活动的影响。

当地的秘密

　　有些"新"物种对当地人来说并不陌生。2010年，科学家偶然间在菲律宾发现一种两米长的蜥蜴——碧塔塔瓦巨蜥，然而当地人早已熟知这种巨蜥，并常常捕捉它们。尽管这种巨蜥全身长满醒目的黄绿相间斑纹，但是由于它们很少从树上下来，因此科学家在此之前从未发现过它们的踪迹。

热带雨林

　　热带雨林是地球上生物多样性极为丰富的地区之一，常常会在这里发现新物种。科学家在印度尼西亚的福贾山脉发现了一系列新物种，包括一种长鼻子的青蛙（如右图），昵称匹诺曹蛙，还有被称为世界上最漂亮的袋鼠——金披风树袋鼠（如左图）。

海洋

　　海洋是地球上最神秘的区域。深海对人类来说是非常危险的地方，然而有数百万种不同的生物适应了这里的生活，并在此安家。在深海发现的新物种主要为甲壳动物（包括螃蟹、龙虾和其他虾类）和软体动物（包括乌贼、双壳贝和螺），不过平均每年也会发现136种新鱼类（如左图中的萨托米豆丁海马和迷幻臂鱼）。

2400 亿头大象的重量！

术语表

濒危：面临灭绝的风险。

捕食者：捕杀并吃掉其他动物的动物。

哺乳动物：一类温血动物，浑身被覆毛发，用乳汁喂养后代。大多数哺乳动物直接产下后代。

繁殖：产生后代。

分布：一种动物生活的区域。

化石：动植物的遗骸被埋在岩层下，经过千百万年的石化作用而形成。

基因：细胞的组成部分。基因中含有决定身体结构和特征的遗传信息，从亲代传给子代。

脊椎动物：有脊椎的动物。

家畜：人类饲养的动物，比如为人们提供肉类来源的农场动物。

甲壳动物：一类覆有硬壳的动物，每节身体长有一对附肢，头上长着两对触角。

角蛋白：构成动物的毛发、爪、角、蹄或者羽毛的物质。犀牛角看起来像是骨质的，其实也是由角蛋白构成的。

进化：生物特性的变化。科学家查尔斯·达尔文解释了进化是如何通过自然选择使生物变得更加适应特定的环境。

竞争：在两种或更多种物种之间争夺食物、庇护所或生境。

两栖动物：一类冷血动物，可以生活在陆地上和水中。

猎物：被其他动物捕杀并吃掉的动物。

领地：一个或一群动物生活的区域。它们会保护自己的领地，不让其他物种或者同种动物的其他个体进入。

天绝：一个物种完全消失。

爬行动物：一类冷血动物，身体被覆鳞片。大多数爬行动物在陆地上产卵，卵有着坚韧的外壳。

气候：一个地区长期的天气状况。

迁徙：动物为了觅食或繁殖而从一个地方迁移到另一个地方，迁徙活动常常发生在每年的固定时期。

群体：生活在一起的一群动物，比如珊瑚就组成群体。

森林采伐：将森林砍伐，并改成其他用地，比如农田、畜牧场、居住区或道路。

生境：一种动物生活的自然环境。

生态系统：在一个特定环境中由所有动植物构成的系统。

生物多样性：一片特定区域内所有生物的种类和数量。

食草动物：以植物为食的动物。

78

食腐动物：以其他动物的尸体残骸为食的动物。

食肉动物：以肉类为食的动物。

适应：动植物能在生存环境中幸存下来并继续繁衍。

首领：一个群体中最重要、最权威的动物个体。

水生：生活在水中或是近水处。

外骨骼：覆盖在动物身体表面的一层坚硬的外壳，起到保护作用。

外来物种：生活在非原产地的动物，通过人为有意或无意引入，比如作为消灭害虫的天敌引入。

伪装：动物的外表与环境巧妙融合。

污染：有毒或者危险的物质泄漏到自然环境中。

无脊椎动物：没有脊椎的动物。

物种：身体特征相似的动物，比如形状、大小和颜色。同一物种的个体之间可以繁殖产生后代。

休眠：有些动物可以在一段时间内降低身体的新陈代谢，陷入睡眠状态之中。它们通常在难以找到食物的寒冷季节里休眠，称为冬眠。

有袋类：一类原始的哺乳动物，刚生下的后代没有发育完全，需要在母亲的育儿袋中继续发育。

杂交：不同物种或不同品种的动物之间交配繁殖。

杂种：不同物种交配产生的后代。

藻类：简单的植物类有机体。海藻就属于藻类。

种群：生活在一片特定区域中的某种动物的全部个体。

自然保护：保护自然环境及生活在其中的野生生物。

自然选择：有些动物更加适应环境，它们就能生存下来，繁殖更多的后代。

Dorling Kindersley would like to thank Fleur Star for her editorial help with this book.

The publisher would like to thank the following for their kind permission to reproduce their photographs:

(Key: a-above; b-below/bottom; c-centre; f-far; l-left; r-right; t-top)

1 Getty Images: Martin Barraud (c/main image). 1-11 Getty Images: Garry Gay (t/map background). 4 Corbis: Aso Fujita/Amanaimages (tr). Getty Images: Steve Allen/The Image Bank (crb); Daniel J. Cox/Photographer's Choice (cb); Tim Flach (clb). 4-5 Getty Images: Dieter Spears/iStock Exclusive (b/green background). 5 Getty Images: Matthias Breiter/Minden Pictures (cb); Andy Rouse/The Image Bank (crb); Jonathan & Angela Scott/The Image Bank (cb); Jami Tarris/Botanica (t). 6 Alamy Images: PHOTOTAKE Inc./Dennis Kunkel Microscopy, Inc. (bl/bacteria). Reproduced with permission from John van Wyhe ed., The Complete Work of Charles Darwin Online (http://darwin-online.org.uk/): (ca/frogs), (cra/cicada). Science Photo Library: (cr); Lynette Cook (fbl). 7 Corbis: Buddy Mays (ca/frog). Reproduced with permission from John van Wyhe ed., The Complete Work of Charles Darwin Online (http://darwin-online.org.uk/): (tl/finches). 8 Corbis: Kulka (clb) (fcla/leaf); Paul Souders (bl). Getty Images: Steve Allen/Brand X Pictures (tc) (fbr). Science Photo Library: Georgette Douwma (crb). 9 Corbis: Anthony Bannister/Gallo Images (clb/bl image in jigsaw); Frans Lanting (clb/tr image in jigsaw); Momatiuk - Eastcott (bc); Patrick Robert/Sygma (clb/tc image in jigsaw); Tom Soucek/Verge (clb/br image in jigsaw); Paul Souders (t/leaf); Scott Stulberg (clb/bc image in jigsaw). Getty Images: Danita Delimont/Gallo Images (clb/tl image in jigsaw); David Edwards/National Geographic (br); Pete Oxford/Minden Pictures (tr/macaw). iStockphoto.com: Will Evans (cr/map). 10 Dorling Kindersley: Dudley Edmonson (c). 10-11 Getty Images: James Randklev (c/landscape background); Dieter Spears/iStock Exclusive (beige & green text backgrounds). 11 Getty Images: Daniel J. Cox/Photographer's Choice (tl) (cl) (cr); Raymond Gehman/National Geographic (cra); James Hager/Robert Harding World Imagery (cla); Norbert Rosing/National Geographic (crb). 12 Corbis: (cl); Martin Rietze/Moodboard (bl). 12-13 Getty Images: The Bridgeman Art Library/Royal Albert Memorial Museum, Exeter, Devon (dodo). iStockphoto.com: Peter Berko (b/beige footer). 13 Corbis: Kevin Schafer (tl). 14-15 Getty Images: Garry Gay (t/map background); Dieter Spears/iStock Exclusive (beige paper texture background). 15 Getty Images: Rich Reid/National Geographic (t/main photo). 16 Corbis: Steve Kaufman (cla). Getty Images: Cyril Ruoso/JH Editorial/Minden Pictures (br). naturepl.com: Eric Baccega (bc). NHPA/Photoshot: Nigel J. Dennis (bl). 16-17 iStockphoto.com: Peter Berko (coloured text boxes). 17 Corbis: John Carnemolla (br); Malte Christians/EPA (bc); Frans Lanting (bl). naturepl.com: ARCO (cra); Andrew Walmsley (tl). 18 Corbis: Frans Lanting (clb); Denis Scott (crb). naturepl.com: Dave Watts (br). 18-19 Getty Images: Dieter Spears/iStock Exclusive (b/green background). 18-22 Getty Images: Garry Gay (t/map background). 19 Corbis: Tom Brakefield (crb); DLILLC (cra); Steve Kaufman (clb). Getty Images: C. Dani-I . Jeske/De Agostini Picture

Library (cb). 20 Ardea: Thomas Marent (cla). 20-21 Corbis: W. Perry Conway (main image). 21 Alamy Images: Paris Pierce (tl). Getty Images: Brian Kenney (tc). iStockphoto.com: Will Evans (crb/map). 22 Corbis: Rickey Rogers/Reuters (cla). Getty Images: Stephen Ferry/Liaison (clb). NHPA/Photoshot: Andy Rouse (br); Kevin Schafer (main image). 23 Corbis: Steve Kaufman (cla); R H Productions/Robert Harding World Imagery (clb). NHPA/Photoshot: Andy Rouse. 24 Ardea: Jean Paul Ferrero (bc). Getty Images: Photo 24/Brand X Pictures (cla). 24-25 Corbis: DLILLC (main image). 24-44 Getty Images: Garry Gay (t/map background). 25 Corbis: Frans Lanting (tc). FLPA: Colin Marshall (br). iStockphoto.com: Will Evans (crb/map). OnAsia: Oka Budhi (br). 26 iStockphoto.com: Will Evans (crb/map). naturepl.com: Tom Mangelsen (cla). 26-27 Corbis: Steven Kazlowski/Science Faction (main image). Getty Images: Dieter Spears/iStock Exclusive (b/beige footer). 27 Corbis: AlaskaStock (cla); Jonathan Blair (ca); Christie's Choice (tl); Frans Lanting (cra). iStockphoto.com: Emmanouil Gerasidis (tr). 28 Corbis: Martin Harvey (cla). 28-29 NHPA/Photoshot: Martin Harvey (main image). 29 Ardea: M. Watson (tl). Corbis: Martin Harvey/Gallo Images (cla). iStockphoto.com: Will Evans (br/map). naturepl.com: Laurent Geslin (ca) (cra) (tc). 30 Corbis: Bettmann (cla). iStockphoto.com: Will Evans (bc/map). 30-31 Getty Images: Carol Grant/Flickr (main image). 31 Getty Images: De Agostini Picture Library (tl) (crb); Brian J. Skerry/National Geographic (tc). 32 Getty Images: Kathie Atkinson/Photolibrary (cla); Dave Walsh/Flickr (crb). 32-33 Photolibrary: J. & C. Sohns/Picture Press (main image). 33 iStockphoto.com: Will Evans (crb/map). 34 Getty Images: Henrik Winther Andersen/Flickr (cla). 34-35 Science Photo Library: Thomas Nilsen (main image). 35 Corbis: Steven Kazlowski/Science Faction (tc). Getty Images: Daniel J. Cox/Photographer's Choice (br). iStockphoto.com: Will Evans (crb/map). NHPA/Photoshot: John Shaw (ca). 36 Corbis: Kevin Schafer (cla). iStockphoto.com: Will Evans (crb/map). 36-37 NHPA/Photoshot: Martin Harvey (main image). 37 NHPA/Photoshot: Daryl Balfour (cb); Tony Crocetta (crb); Steve & Ann Toon (tc). 38 naturepl.com: Tony Heald (cb); Tom Marshall (crb); David Tipling (clb). 38-39 Getty Images: Dieter Spears/iStock Exclusive (b/blue background). 39 Corbis: Martin Harvey (cb); Bob Jacobson (t/main image). iStockphoto.com: Peter Berko (cr/text box). Photolibrary: imagebroker RF (crb); Panorama Stock RF (clb). 40 Corbis: Roger Tidman (cla). NHPA/Photoshot: Rich Kirchner (cra). 40-41 FLPA: Tui De Roy/Minden Pictures (main image). 41 iStockphoto.com: Will Evans (crb/map). NHPA/Photoshot: Mike Lane (tc). 42 iStockphoto.com: Will Evans (crb/map). SuperStock: James Urbach (cla). 42-43 Alamy Images: Mike Briner (main image). 43 Getty Images: Arthur Morris/Visuals Unlimited (tc). 44 Corbis: Chris Baltimore/Reuters (cla). naturepl.com: Mark Payne-Gill (main image). 45 Alamy Images: Danita Delimont (clb). naturepl.com: Tom Hugh-Jones (main image); Thomas Lazar (cla). 46 Corbis: Michael & Patricia Fogden (cla); Sanjeev Gupta/EPA (cb); Frans Lanting (crb). 46-47 Getty Images: Dieter Spears/iStock Exclusive (b/green background). 46-71 Getty Images: Garry Gay (t/map background). 47 Corbis: Ira Block/National Geographic Society (crb); Guillermo Granja/Reuters (cb); David A. Northcott (clb). Getty Images: Joseph Van Os/The

Image Bank (tr/main image). iStockphoto.com: Peter Berko (cra/text box). 48 Corbis: Visuals Unlimited (bl); Kennan Ward (cla). 48-49 National Geographic Stock: Bill Curtsinger. 49 Corbis: Brian J. Skerry/National Geographic Society (fclb). iStockphoto.com: Will Evans (crb/map). naturepl.com: Solvin Zankl (clb). scubazooimages.com: Jason Isley (tc). SuperStock: National Geographic (cb). 50 Alamy Images: WaterFrame (clb). 50-51 naturepl.com: Visuals Unlimited (main image). 51 Alamy Images: Wolfgang Kaehler (cla). Getty Images: Marvin E. Newman/Photographer's Choice (cb). iStockphoto.com: Will Evans (crb/map). 52 Ardea: Ken Lucas (clb). Corbis: Michael & Patricia Fogden (crb). Science Photo Library: Dante Fenolio (cb). 52-53 Getty Images: Dieter Spears/iStock Exclusive (b/green background). 53 FLPA: Fabio Pupin (tr/main image). NHPA/Photoshot: Stephen Dalton (tc); Ken Griffiths (clb); Daniel Heuclin (crb). 54 Getty Images: Michael & Patricia Fogden/Minden Pictures (cla). 54-55 Getty Images: Michael & Patricia Fogden/Minden Pictures (main image). 55 Getty Images: Michael & Patricia Fogden/Minden Pictures (tl) (cb). iStockphoto.com: Will Evans (clb/map). NHPA/Photoshot: David Woodfall (tc). 56 Corbis: Amos Nachoum (clb). Getty Images: Fred Bavendam/Minden Pictures (cb); Purestock (tc). 56-57 Getty Images: Dieter Spears/iStock Exclusive (b/blue background). 57 Corbis: Ralph A. Clevenger (cb). naturepl.com: Nature Production (clb); Wild Wonders of Europe/Sá (tr/main image). NHPA/Photoshot: Franco Banfi (crb). 58 Alamy Images: Mark Conlin/VWpics/Visual&Written SL (ca). iStockphoto.com: Will Evans (clb/map). 58-59 Getty Images: Dieter Spears/iStock Exclusive (pink background). naturepl.com: Wild Wonders of Europe/Zankl (main image). 59 Getty Images: Paul Sutherland/National Geographic (tl). 60 Ardea: Pat Morris (cb). Corbis: Jeffrey L. Rotman (crb). Visuals Unlimited, Inc.: Alex Wild (clb). 60-61 Getty Images: Dieter Spears/iStock Exclusive (b/beige background). 61 Alamy Images: Michael Soo (tl). Corbis: Stefan Sollfors/Science Faction (crb). naturepl.com: Pete Oxford (tr/main image). NHPA/Photoshot: Anthony Bannister (clb). 62 Corbis: Stuart Westmorland (cla). OceanwideImages.com: Gary Bell (bl). 62-63 OceanwideImages.com: Gary Bell (main image). 62-73 iStockphoto.com: Peter Berko (b/cream/beige background). 63 Alamy Images: WaterFrame (cb/Antler coral). Corbis: Visuals Unlimited (clb/Fan coral); Lawson Wood (clb/Brain coral); Rungroj Yongrit/EPA (tr). OceanwideImages.com: (cr). 64 Corbis: Image Source (cb); Frans Lanting (clb) (cr). 64-65 Corbis: Radius Images (butterflies in blue sky). 65 Corbis: Radius Images (tl/stage 3); Tom Van Sant/Geosphere (bp/map). Dorling Kindersley: Natural History Museum, London (cb/butterflies over map). naturepl.com: Ingo Arndt (ftl/stage 4) (tc/stage 4) (tr/stage 5); Thomas Lazar (tr/stage 6); Visuals Unlimited (tl/stage 2). 66 Alamy Images: m-images (tr). Corbis: Rick Wilking/Reuters (br). Getty Images: UVimages/amanaimages (bl). naturepl.com: Shattil & Rozinski (tl). 66-67 Alamy Images: m-images (b/blurred background). 67 Corbis: Jeff Vanuga (clb). FLPA: Sumio Harada/Minden Picture (tl). naturepl.com: Andrew Harrington (bc); Shattil & Rozinski (br). 68 Getty Images: Planet Observer/Universal Images Group (main image). iStockphoto.com: Will Evans (clb/map). 69 Corbis: Frans Lanting (tl/2nd image from 1). naturepl.com: Andy Rouse

(l); Anup Shah (tr). 70-71 Getty Images: Martin Barraud (main image). 72 Corbis: Niall Benvie (crb/fox tracks); Tim Panne... (bc/leaves). Getty Images: Peter Mason (cla); Walter B. McKenzie (cra/beetle). 7... Corbis: Chris Harris/First Light (tl/moon). Getty Images: Garry Gay (b/map background). iStockphoto.com: Peter Berko (clb/orange background). Wikipedia, The Free Encyclopedia: Yohar... euan o4. From: http://commons.wikimed... org/wiki/File:Quadrat_sample.JPG. Creative Commons Attribution-Share Ali... 3.0 Unported licence: http://creativecommons.org/licenses/by-sa/3.0/deed.en (crb). 74-80 Getty Images: Garr... Gay (t/map background). 76 Corbis: Frans Lanting (tr). fotolia: Elenathewise (bl/seashell background); Aleksandr Ugorenkov (clb/rock background). Getty Images: Tryman, Kentaroo/Johner Imag... (cla/water background). 76-80 iStockphoto.com: Peter Berko (b/cream footer background). 77 Corbis: Joseph Brown/University of Kansas/Reuters (cr... Francesco Rovero/California Academy of Sciences/Reuters (cla). Getty Images: Birgitte Wilms/Minden Pictures (bl/psychedelic frogfish). Jonathan Keeling: (tr). National Geographic Stock: Timothy G. Laman (crb). NHPA/Photoshot: Bruce Beehler (clb). Wikipedia, The Free Encyclopedia: John Sear. From: http://commons.wikimedia.org/wiki/File:Quadrat_sample.JPG. Creative Commons Attribution-Share Alike 3.0 Unported licence: http://creativecommon... org/licenses/by-sa/3.0/deed.en (fbl).

Jacket images: Front: iStockphoto.com: Andrey Ushakov. Back: Dorling Kindersle... Natural History Museum, London fcra; FLPA: Tui De Roy/Minden Pictures cra (penguins); Getty Images: Garry Gay t (map background); P. Jaccod/De Agostini Picture Library (main image); Tim Laman/National Geographic ca; Nick Gordon/Photolibrary cla.

All other images © Dorling Kindersley For further information see: www.dkimages.com